悦 读 阅 美 · 生 活 更 美

女性生活时尚阅读品牌

☐ 宁静　　☐ 丰富　　☐ 独立　　☐ 光彩照人　　☐ 慢养育

优雅与质感
3

让熟龄女人的
日常穿搭更时尚

[日] 石田纯子 著　千太阳 译

漓江出版社

其实, 很多人在穿衣方面都有以下几种经历。

好漂亮! 第一眼看上的衣服, 买回家一试穿却显得格格不入……

有的衣服自己认为最贵重、最喜欢, 却又一年穿不了几次……

还有, 像这件上衣和这条裤子是绝配, 却不能和别的衣服搭配的情况……

虽然有很多衣服, 却经常穿同一件衣服……

衣柜里不穿或不经常穿的衣服多得装不下……

石田女士说, 衣服要经常上身, 日复一日, 变成自己的东西才能越穿越好看, 越穿越帅气。

不管多么价格高昂, 多么名贵的衣服, 如果不经常穿的话, 就只能算是挂在身上, 而不能穿出它的气质。即使是很美的衣服, 穿出来也不好看。

对一个人来说, 很实用又很有可看度的衣服, 以自己的风格穿出来, 就叫作穿衣打扮。

是穿作便服, 还是穿作礼服, 由此派生出了穿衣的方向性, 围绕穿衣而产生的想法也多了起来。

关于穿衣, 并没有复杂的规定, 也不必拘泥于条条框框。总之, 就是一个字"穿"。穿穿看。

扔掉经常穿的裤子, 换上在衣柜沉睡已久的裤子, 试着戴两条项链。在享受这种细小变化带给人快乐的过程中, 也就产生了促进你穿衣打扮的力量源泉。编者旨在使读者领略到, 只要在穿衣打扮上下功夫、思考和模仿, 就会产生很好的搭配创意和想法。

主妇之友出版社
成熟人士的时尚探讨班

目 录
Contents

绪论 *009*

Lesson **1** *017*

不落俗套的个性穿搭

个性派

Lesson **2** *065*

经典和鲜明的着装搭配

经典款式

Contents

Lesson **3** 117

以当时当日的心情来选择配饰

Lesson 4　145

穿衣规则的决定版

印花短裙的 **搭配方案**

短裙花纹的白色部分和短衫相接，着衣方法规整。鞋和包的颜色也尽量低调，主要突出花纹。

此款装扮以日常的花纹搭配浅色短外套，庄重而不失优雅。庄重感强烈的白色，将短裙的优雅也凸显了出来。

绪论

谁都可以提高品位。抓住搭配规则，
掌握更高档次的搭配要领。

石田纯子

更会穿衣的关键，从挑战精神开始。

说到服装顾问，人们很容易想到，不管什么样的衣服，只要经他们的手就能马上搭配出不一样的感觉。就算是有固定搭配模式的服装，他们的脑海里也会瞬间浮现出几种搭配方案，但是，这项工作的意义就在于，他们不满足于这几种固定的搭配模式，而是在工作中不断地追求怎样穿衣能引起人们的注意，让人们凝神驻足，怎样的穿衣风格能让人感觉更漂亮。

我们日常的穿衣打扮也符合这种心理。从职业的角度讲，服装就是一个人的名片，绝不可以放松对个人穿搭的要求，但我们个人的衣物有限，想要达到尽善尽美也不是件容易的事。虽然不想被别人认为是"啊，她今天又穿这件衣服啊"！但衣服也不能只穿一次。因此，衣服倒换着穿就成了必要。"啊，今天这样穿这件衣服很潮很漂亮呀！"别人如此夸赞你新搭配的衣服时，自己也会很高兴。而为了追求这种效果，你又不得不每天不厌其烦地脱了换、换了脱。

Style2 干练风格的穿着

印花短裙的 搭配方案

长款的针织衫平衡了花色的分量，穿出了简洁感。长筒靴使得下半身搭配从腿到脚尖呈现出直线美。

长款的针织衫平衡了短裙的凸显度，使得此款搭配在单色的正式感中，又很好地突出了作为重点的印花短裙。此款搭配的亮点是，针织开衫和打底衫分别选取了短裙花纹颜色中的浓茶色和紫色，与短裙搭配起来，凸显出了成熟人士的干练。

那么，我们应该怎样在穿衣打扮上下功夫呢？总而言之就是大胆地"试穿"。即使刚开始认为这件衣服这样穿不合适，也不要放弃，总之，先试穿一下。有这样的想法就是提高穿衣搭配能力的开始。

谁都会这样想，如果有一件灰色夹克的话，应该和黑色或藏青色的衣服搭配比较合适。但是，按照常理来搭配的话，就不会产生新鲜感。试着和绿色的裤子搭配起来看看，这就是挑战，虽然这样搭配出来不一定好看。如果搭配出来正好很合适的话，只能说是很幸运了。大多数情况下，人们会感觉到"有些奇怪"，但是，能不能很好地掌握穿衣打扮的技巧，关键就是从勇于挑战开始的。

借助小装饰品的力量，试着大胆地搭配衣服。

那么，如何使看起来很奇怪的搭配变得无可挑剔呢？这就要靠小装饰品发挥作用了。将两件不挨边的衣服搭配起来，本来就不可能合适。品牌的设计理念不同，受众的年龄和品位当然也就不同。而想要将这两件衣服毫无违和感地搭配起来的话，就需要将两者连接起来的物品，担此大任的就是项链、披肩、包和鞋等小饰品和配件。而且，加上一两件和衣服有着同等影响力的小饰品的话，就会使两件不同风格的衣服很好地搭配起来，还会让整体的穿衣风格也明朗起来。有人说我们没必要经常花钱买这种小饰品，但是

Style3 少女风格的穿着

短裙花纹的藏青色部分和针织衫相接，古典的风格里现出少女的气质。大胆的褶皱作为点缀十分抢眼。

藏青色和富有清洁感的白色相结合，使得青涩感和制服般的严肃感相混搭。

扣子、着重强调的褶边和带有大丝带的低帮皮鞋展现出熟女风。

除了制服以外，我们又不能每天穿相同的衣服，有了饰品就不一样了，它可以使你的穿衣搭配看起来不重复，而且即使每天佩戴一样的饰品，也没有什么不好。所以从饰品的多用性和使用频率之高上就可以看出，它绝对是我们提高穿衣品位不可欠缺的东西。如果我看到了一件和衬衫价格差不多，甚至还要贵一些的饰品，我会毫不犹豫地买下来。

了解掌握更好的穿衣打扮的基本规则。

简单地说，穿衣打扮的关键就在于不要平淡无奇地堆砌衣服，而要试着重新组合，并借助小饰品使其协调起来。但是，有时即使有小饰品加以协调，也会因衣服相差太大而不能很好地将其协调搭配起来。因此，在此我们就来介绍一下不同类型，不同风格的服装搭配的最低标准。

我们来看一下第8、10、12、14页上印花短裙的搭配方案。图中的印花短裙个性强烈，容易给人不好搭配的感觉，但是，我要说的是，这种花纹多的衣服反而在我们选择搭配何种风格的衣服时，给了我们很多选择。

风格1是和白色短外套搭配，是给人一种很强的正式感的穿法。风格大胆不羁的花纹，本来就和风格正式的衣服不相称，但是，和有规整感的白色短外套相配，整体上就显示出了正式感，也使短裙显得雅致。出席不太正式的聚会就可以这么穿。风格2是长款的开衫和短裙的搭配，使得从前

印花短裙的 搭配方案

此款搭配是，在短裙内套穿轻软的衬裙，搭配具有质感而又有浪漫气息的开衫。"上小下大"的对比感是亮点。

衬裙内穿为印花短裙打造出大大张开的荷叶线条，这使得此款搭配大胆不羁。和作为重点突出的短裙相对比的是紧致的针织衫，这使得上下对比感强烈。搭配接近米色的粉色，使人感觉有品位。

方看并不能看到短裙的全貌。这样的搭配露出了部分花纹，使得短裙与众不同。风格3是令人怀念的学院风。胸前的褶也是很好的点缀，带丝带的低帮鞋和贝雷帽等小饰品将带褶短外套和短裙很好地联系在了一起。风格4是将衬裙和短裙叠穿，使得短裙更有立体感，这样一下子就使本来有些日常风的薄纱短裙更加华丽了。

这就是我以优雅的、干练的、少女的和有女人味的风格做的尝试性搭配，四种搭配的共同基本原则就是，不管是何种风格，上半身的衣服的颜色都应选择在短裙中能找到的颜色，以及在平时的搭配中注意突显服装搭配的立体感。这仅仅是服装搭配最基本的要求。实际上，服装的搭配还取决于自身身体的平衡感、场合、时间和目的等因素。因此，应在镜前试穿以便观察效果，做出调整。穿衣风格是在自己的脑海中想象不出来的。试穿之后的感觉和自己想象的完全不同，也是常有的事。因为和之前的穿衣搭配有所不同，所以，应该做好更换一次两次甚至三次的心理准备。

本书中不仅介绍了穿衣的基本规则，实际的搭配案例也不少。本书以生活中的实际案例为基础，教您抓住穿衣打扮的要领。如果能给您在平时的穿衣打扮中起到示范和引导作用的话，那真是我的荣幸。

个性派风格，就像女人味十足、优雅或者传统风格一样，拥有自己的特点。这件外套样式传统，适合在正式场合穿，一直秉持这种想法，这件衣服不知不觉就成了"正式场合专用服装"。这件外套即使和这件短裙、这件衬衫或这双靴子搭配，还是会给人正式的感觉。总是给人这样印象的款式应该如何进行搭配呢？在此，我们将为您做详细介绍。

不落俗套的个性穿搭

粗花呢外套的搭配方案

常见
搭配实例

裤子和粗花呢外套的主色同为
深色系，这就使搭配整体色彩过于
单一。下半身为深色搭配，这是谁
都能想得到的，难免使得搭配落于
俗套，给人呆板的印象。

突破服装给人的刻板印象是提高穿着品位的关键。

　　在毕业典礼或者升学典礼等一些正式场合上常穿的粗花呢外套,常和规整的裤子或短裙搭配。但是,下身经常这样搭配的话,这类衣服就不适合在平时穿出去了。为了使它变得更加日常化一些,我们可以试着将它和普通工装裤、牛仔裤或轻软的短裙等有着日常生活气息的下装搭配。粗花呢外套和便衣下装相搭配,感觉一下子就打破了常规。很好地利用这一变化,就能打破呆板,给人一种柔和的轻便感。而且,此款搭配还能通过小饰品的使用营造出多种不同的穿着风格。舍弃正式场合用的珠宝和浅口船鞋等,搭配日常搭配穿戴的饰品、靴子等,给人的感觉立刻变得不同了。

选择亮点

立体感强的织物和丰富的配色,使得穿衣风格多变。

凹凸不平的织物很容易与质地和手感平滑的衣服相契合,可以和各种下装相搭配。为了能与各种颜色的下身衣物相搭配,选择上衣时,其包含的颜色应该有三种以上。

以领口的变化来验证

　　首先选择了以黑白为基调，混杂了米粉色和灰色的粗花呢外套，我们可以通过改变领口的搭配来改变服装的风格。

通过五串珍珠项链叠加佩戴达到华丽的效果

\> \> \>

长短大小不一的珍珠项链展现出华丽的一面，和婚丧嫁娶、祭祀等正式场合佩戴的珍珠项链完全不同。

以红色为主打色的便装风格

\> \> \>

使用颜色来改变风格。以红色为基调的别针做点缀，展现出英伦风，尽显不羁心态。

用大方巾来扮成熟

> > >

宽大的方巾加上不均匀的花纹，随意
地围起来，和脸部线条相映衬，很能
适应脸部表情的变化。搭配与上衣同
一色系的围巾让整体显得统一自然。
此款搭配的关键是将围巾随意地围
绕，营造出不规整的感觉。

用裹肩感受"当下"

> > >

经典的粗花呢上衣，配以兔皮裹肩给
人时尚感。将裹肩当作围巾更有休闲
气息。

通过脚部的变化来验证

　　即使是同一款式的上衣搭配同一款式的裤子、打底衣，若是搭配不同的鞋子、丝袜等脚部装饰品，也会改变衣服给人的感觉。因为粗花呢上衣兼有保守和不羁的特点，所以配以不同的装饰品，就能有多种不同风格的着装。

① | ② | ③

① 简洁足部，做潇洒女性。

嵌入了金属丝的低跟女鞋配以网状的丝袜显得更有女人味。和包一起给人一种精致感。整体感觉有几分保守但又不失庄重。

② 通过女鞋和围巾，给成熟人士增添时尚感。

尖头的光面女鞋配以轻快的大方巾，紧跟最新流行款式。自然放开的领线和袖口，增添了不羁的效果。

③ 长靴和贝雷帽，营造纯粹的休闲风。

休闲的长靴平衡了上衣的规整，帽子更提升了整体的休闲轻快感。选择和粗花呢上衣有相同颜色并具有运动感的驼色靴子，为造型增添轻快感。

改变造型

上衣的塑形感，连衣裙的柔软感，都展示出了熟女风。

> > >

因为外套的衣长较短，只到腰部，所以，和乍一看不怎么般配的连衣裙也可以搭配。材质轻软、下摆适度蓬松的连衣裙和短外套一起打造出流畅的X线条。整体搭配展现出消除了保守正式感的日常风。

粗花呢上衣的穿着规则 》

1. 和有休闲感的下装搭配，穿出休闲风格。
2. 佩戴款式不羁的小饰品，打破拘谨形象。
3. 包含各种色调的粗花呢上衣可尝试与不同风格的内搭、下装和配饰搭配，
   改变整体感觉。

**各种色调都有的经典的粗花呢上衣
是当下的流行。**

> > >

此款搭配是有着正式感的上衣和毫
无正式感的工装裤相搭配。圆领的
白色T恤衫显得休闲轻快，男性化
的帽子和女性化的鞋，加上个性化
的小饰品，十足的休闲风造型。

个性派
皮质上衣的搭配方案

常见
搭配实例

　　此款搭配的关键是去除平时皮质衣服给人的硬气印象。一直以来，人们习惯皮质衣服配牛仔裤，如果不打破这种穿法，就不能使造型变得成熟。

穿着柔和，整个穿衣打扮也格外的轻松。

　　说到皮质衣服，容易让人想到硬、重等印象。但皮质上衣也有轻软的类型。首先，我们摒除那种男士风格的运动型着装，和其他的上衣一样搭配，扩大下半身衣物的选择范围。因为其特殊的材质感，虽说有和它相称的同气质面料，但是，我们的目的是改变皮质衣服给人的厚硬感，所以让它和柔软面料的衣服搭配。用短裙而不用裤子，用偏女性化的衬衫而不用普通衬衫，这样轻柔的衣服反而能衬托出皮质衣服的魅力。如此想来，平时我们一直认为有女人味的小饰品，正好可以用到。

选择亮点

尽量不要强调皮革给人的厚硬感，
在搭配时选择和棉布上衣相似的款式。

搭配时不要采用以前常用的宽松皮夹克而选择与棉质的上衣类似款式的皮质上衣。不将皮质上衣当作硬重的款式，而把它当作柔软面料的衣服则更好搭配。而且，考虑到里面要搭配别的衣服，我们可能会选择大一码的上衣，但是，根据服装的穿戴效果还是选择合身一些的衣服为好。

通过领部的变化来验证

此款搭配是同款的黑色皮质上衣，只通过领部的变化，再加上小饰品和打底衣物的变化，来改变穿衣的风格。为了减少皮质衣服个性强烈的特征，营造不同的感觉，使用吸引人眼球的颜色和大一些的装饰品很重要。

通过波浪状的印花衣褶，将甜美和干练相融合

> > >

本款设计是将皮质衣服和与其于对比度较大的印花服饰相搭配，使得稳重和天真的女性气息相辅相成。

彰显出上衣现代气息的穿着

> > >

此款造型用带有领巾的高领衫和鲜艳的玻璃纱胸花搭配黑色皮质上衣，现代时尚气息浓厚。

修身的打底衫，明朗的领口

> > >

黑色的皮质上衣配以白色蕾丝花朵衣领，给人明朗的印象。修身感强的短款打底衫使得皮质上衣也更加有韵味。

大胆使用对比色，用配色扭转印象

> > >

通过粉色的针织打底衫和项链来提亮整体造型的颜色。黑色的上衣只要稍微添加些颜色，就能变得大不相同。

通过脚部的变化来验证

　　此款搭配，皮质上衣、几何图案的短裙和黑色高领打底衫不变，只改变脚部。通过前襟开合和小饰品的变化使得船鞋和长筒靴与整体的搭配更和谐。

① | ② | ③

① 想要强调柔软性的话，也可以搭配船鞋。

船鞋和丝袜也可以搭配轻便的运动皮夹克。这种能体现女性线条美的夹克搭配甜美款服饰也很和谐。而将前面拉锁拉开可使线条不生硬，看起来更加柔和。

② 通过短靴，来改变传统穿着。

此款搭配穿出了皮质上衣固有的棱角分明感，也有一些传统的意味。选择同一色系的短靴和打底裤。茶色系的徽章型胸针也为上身增添了一抹亮色。此款搭配尽显成熟人士的高雅休闲品位。

③ 如果是户外活动的话，不要犹豫，还是穿适合户外活动的鞋好。

此款造型没有采用平日常见的搭配，而是选用了高筒靴。在突出脚部的同时，我们还要选择一个可以平衡服装上下分量的披肩或围巾。

改变造型

此款造型是无可非议的混搭型。这款皮质上衣干练中带着女人味，如果是中性风格的上衣就不可以这样搭配。

> > >

选用女孩们常穿的蕾丝短裙和黑色上衣搭配。这两件衣服本来风格迥异，很难一起搭配，但是个性的上衣又使得此款搭配成为可能，因为我们追求的就是混搭风格。不过，甜美和干练相差过大的话，就会不伦不类，所以适可而止是关键。

皮质上衣的穿着规则 》

1. 为了避免造型过于运动风，尽量采用有女人味的下装和内衬衣服搭配。
2. 搭配清新的小饰品，中和男装元素。
3. 搭配玻璃纱等轻软材质的衣服，凸显皮质上衣的质感。

长上衣将皮质上衣和牛仔裤子
联系起来，使得此款搭配展现
得更温柔。

> > >

提高穿衣品位的必要工作之一
就是，适时地进行辅助性的搭
配。使此款搭配成为亮点的是
白色的长上衣，它与容易使人
感觉质地硬朗的皮质上衣和牛
仔裤组合在一起，给人柔软而
又有女人味的印象。

个 性 派

披肩式垂褶对襟开衫的搭配方案

常见
搭配实例

与同色系及膝的女裙搭配，显得太过平凡，不能突出设计的新意。可以挑战更有动感印象的搭配。

通过和紧致衣服很好地融合搭配，打造让人感觉舒服的穿着。

　　深受欢迎的披肩式垂褶对襟开衫和同是人气款的有着慵懒感觉的内搭裙装组合在一起，使得整体的搭配过于懒散。轻松搭配这款开衫的关键是修身的内搭衣物和下装的搭配。这样就能凸显对襟开衫的飘逸感，更显纤细之美。这款开衫设计本身就兼具女人味和休闲风格，因此和大多数衣服都可以搭配。但切忌和特别松垮的衣服相搭配。试着和我们手头就有的基本款服装搭配看看吧。

选择亮点

凸显张弛有度的轮廓线条的搭配。

日本的女性不仅溜肩，而且大多数身材矮小，还有些驼背。所以穿着披肩式垂褶开衫时，应选择有高领、收腰设计的内搭，整体张弛有度又能凸显女性线条。开衫尺寸不宜过长，过长的话会削弱垂坠感，到膝盖以上为好。

改变造型

常见的牛仔裤相搭配，
打造华丽的休闲风格。

＞＞＞

白色打底衫和卷腿牛仔
裤的组合是开衫搭配中
较保守的基本搭配之
一。这样搭配彰显了成
熟女性的美，同时也给
人一种休闲感。搭配关
键是衣服的搭配层次。

披肩式垂褶对襟开衫的穿着规则 》

1. 和修身的衣服相搭配，穿出层次感。
2. 选择短而下摆不太大的裙子，突出重点。
3. 裤子不宜过肥，显腰身线条的最好。

蕾丝短裙穿出女人味。

> > >

此款将具有清新感的披肩式垂褶对襟开衫
和女式短裙结合在一起。短裙应选择裙摆
不太大的，这样就稍稍抑制了开衫的宽
度，整体看起来更加利落。

**浅白色的搭配使得此款搭配更加干净
简洁。**

> > >

如果选择有肩又显腰身的上衣作为内
搭，最好搭配瘦版裤子，这样能给人
清爽感。摇摆的下摆也作为清新风格
的点缀。

双色西装上衣的搭配方案

常见
搭配实例

此款搭配中，如果仅仅将黑色镶边当作点缀，就容易使人想到搭配与上衣主体颜色相契合的下装，但是这就使得整体的衣服搭配接近制服的风格。

点缀颜色作为底色的话，穿衣搭配的风格会丰富起来。

　　这款西装上衣，在衣服的部分边缘位置使用了和衣服不同颜色的镶边。这样搭配确实比纯同色系服装搭配稍显可爱，但仍是不提倡的搭配。原因就是，将面积较大的颜色作为底色，下身为了和面积较大的颜色相契合而进行搭配，结果，就成了常见的搭配实例中那样，变成了制服风格，给人保守的印象，没有放松感。为了避免这种情况，关键就是，搭配下装时，衣服的颜色要和上身作为点缀的小面积的颜色相契合。这样，上下就通过点缀色联系了起来，如此既有整体感，又显得与众不同。

▶ 选择亮点 ◀

要提升穿衣品位，和点缀色相契合搭配是基本。

虽然由两种颜色配色的上衣千差万别，但比较容易掌握的优化穿衣品位的搭配方法就是，选择上身点缀色作为下半身衣服的颜色，使上下服装相契合。为了避免给人以"装嫩"的印象，最好不要直接用白色和深色搭配，也不要佩戴徽章。

改变造型

这款短款上衣有收腰设计，也可以搭配有些少女风格的连衣裙。

> > >

此款搭配中，上衣应选择短款收腰款，这样就能很好地搭配出平衡感。即使是搭配柔软的带褶连衣裙，也能给人简洁感。

双色西装上衣的穿着配色规则 》

1. 点缀色和下身衣服颜色保持一致。
2. 传统气息强的衣服尽量与和它风格迥异的衣服相搭配。
3. 搭配有女人味的小饰品，使得造型具有传统气息的同时，又多了女性美。

通过领部蓝色镶边和三色旗颜色呼应穿出海军风。

> > >

将有制服感的上衣和红蓝白三色的围巾进行搭配，穿出海军风。为了不显得过于青涩，围巾的花纹选择柔和的植物花纹，更显得有女人味。

黑色线条强调精致风格。

> > >

此款搭配中，除上衣以外，其余都选择黑色衣服，短款的上衣和短裙都给人迷你精致的印象。镶边使得服装整体显得经典。关键是通过短小的上衣和及膝的长靴来打破上下的过分平衡。

个性派

豹纹短裙的搭配方案

常见
搭配实例

因为豹纹给人以强烈的个性感，所以，上身搭配得太过保守普通的话，就使得整个搭配缺少新鲜感。

最重要的就是控制花纹的凸显度，有品位地穿着。

　　豹纹衣服是那种只要穿错一步，就会大大降低品位的服装。经常见到豹纹衣服和闪闪发光或个性强烈的衣服进行搭配，但这正是我们错误搭配的范本。穿着豹纹服装时，要将和其进行搭配的衣服作为整体搭配的基础，以此来衬托豹纹。如果和自然褶、蕾丝等有女人味的衣服或者红色、粉色等鲜艳颜色的衣服进行搭配的话，会显得很廉价，所以，还是不要如此搭配的好。最基本的就是和让人冷静的深色衣服进行搭配，尽量不要让豹纹过于显眼。既不风情万种，也不过于休闲，掌握好平衡，就能在豹纹衣服的穿着上提高品位。

选择亮点

不要选逼真的豹纹图案，选择类似排列几何图形的豹纹图案。

一直处于流行前沿的豹纹，色彩对比强烈，而颜色多样的花纹有时会让人觉得没品位。而且，豹纹的光泽感也容易让人产生这样的想法。将花纹的形状和排列稍做变形，可以使服装变得更加时尚。

改变造型

搭配蓝灰色皮质上衣，使之与豹纹相契合。

> > >

豹纹衣服与皮质衣服相搭配时，为了突出品位，关键是选择柔和的颜色和款式。搭配和短裙的花纹相同色调的皮质上衣，上下对比不太强烈，这样搭配比较适合成熟女性，而且也会显得比较有品位。

豹纹衣物的穿着规则 》

1. 和基本款常见衣服相搭配，调节豹纹的凸显度。
2. 不宜和金银丝编织物等发光的或设计太个性的衣服搭配。
3. 在穿着风格上，既不要太女性化，也不要太随意，中立一些最好。

长款的针织毛衣遮盖住部分豹纹短裙，小而精致。

> > >

此款搭配中，有意缩小了豹纹所占的空间，显得更加有品位。同样是搭配黑色系针织上衣，打破平衡之后，就和42页图例当中的"常见搭配实例"感觉完全不同。

通过白色衬衫树立清爽的形象，达到整体感觉的改变。

> > >

此款搭配中，百搭又有着清洁感的白色衬衫很好地调节了豹纹的凸显度。将视觉感强烈的花纹和整体的清新感相匹配，给人清爽、舒适的感觉。

个性派
长上衣的搭配方案

常见
搭配实例

此款搭配中，灰色长上衣搭配
黑色裤子，这样搭配并不是不行，
但作为外穿的衣服有些太朴素，总
感觉缺点什么似的。

增加正式感，完成从家居服到外穿衣服的完美蜕变。

　　这款外衣因设计朴素不太惹人注意，而且显得比较随意，如果过于肥大的话，就成了家居服。其实在肩周围和下摆处稍稍收一些，就可以把它大大方方地穿出去。此款搭配的关键就是，和稍微有些正式感的衣服和配饰进行搭配。比如将白色衬衫、珍珠、胸花、花边等乍一看和长款上衣完全不搭的服饰与之进行搭配的话，就能提高档次，变为外穿的衣服。另外，这种长上衣大多为单色，所以需要和内衬衣服搭配，这也是重点之一。下身最基本的搭配衣服为和它格调相当的瘦腿裤，但我们也不妨挑战一下长靴和短裙。

选择亮点

最重要的就是，丢掉平时那种遮盖自己体形、肥肥大大的家居服的风格。

因为这种可以盖住腹部和臀部的长款上衣，总给人一种遮盖体形的印象，所以，搭配时尽量避开那些设计粗糙的款式。应选择一些收下摆和窄袖等有紧致部分的衣服。另外，内衬衣服也要和整体品位相协调，不可以搭配圆领、V字领，最好是一字领。

改变造型

此款搭配中，白色衬衫穿出了整洁感和正式感，给人伶俐、敏锐的感觉。

> > >

休闲风的长款上衣，通过白色衬衫的正式感提高了档次。如果将牛仔裤换作褐色裤子的话，会显得更加正式。在白色和深灰色中间搭配一条围巾，可以很好地调节对比感。将衬衫的袖子折起来，也是一大亮点。

长上衣的穿着规则 》

1. 穿出规整感，从肥肥大大的家居服中摆脱出来。
2. 搭配围巾等点缀物，在颈部增加亮点。
3. 搭配紧致的下身衣服，使下半身显得苗条。

简单的设计和带褶的短裙也很相配。

> > >

此款搭配中，外衣既不过于女性化，也不太随便，整体搭配是可行的。短裙只是稍微露出一点来突出重点。

通过珍珠项链和白色裤子，彰显时髦感和潇洒气质。

> > >

此款搭配中，通过搭配白色，将其改变为可以外穿的衣服风格。长靴将腿部的线条勾勒出来，从而突出了长款上衣的轮廓。

个 性 派

羽绒大衣的搭配方案

常见
搭配实例

如果只是为了防寒保暖，就
容易使穿着落入俗套，完全没有
时尚感。

通过改变小饰品或领口处等一些细节来改变整体印象。

虽然我们常常想，一件外套很难再搞出什么名堂，但是，我们仍然可以通过小饰品和领部的搭配来达到各种各样的变化。在这当中，最有效果的当属腰带。在腰部系一条弹性较强的腰带，一下子就能展现出时尚感。当然搭配一些像披肩、围巾这样和羽绒大衣的厚重感相符合的饰品或者是设计性强的东西的话，也可以将大衣穿得很好看。另外，不仅仅限于前面的变化，也可以改变上身和下身的搭配。即使是很小部分的改变，也可以扭转整个搭配的方向，所以，通过领口、下摆等服装样式的改变或者是鞋子、小饰品的改变，就可以穿出各种不同的着装风格。

选 择 亮 点

作为穿衣打扮的重要考量因素之一，设计款式的选择很重要。

在选择羽绒大衣时应注意，在选择好合适颜色的基础上，应该选择在设计上不太拘谨的休闲款式。
选择那些可以成为点缀的大领口的、使用腰带的或者下摆较大的衣服，会比较好。考虑到里面穿的衣服较多，我们可能会选择尺寸大一些的，但是，我们不仅仅是为了防寒更为是了不变为臃肿的熊，还是注意一些的好。

改变造型

搭配显眼的小饰品，改变整体感觉。

> > >

搭配有质感的披肩和有光感的腰带，穿出整体的奢华风格。不通过上衣或下装的改变，只借助配饰来达到改变整体形象的效果的话，必须使用显眼、有感染力的小饰品，而且，关键就是要和有质感的大衣相契合。

羽绒大衣的穿着规则 》

1. 系上腰带，就可以穿出正式感、时尚感。
2. 前面敞开就可以穿出休闲风。
3. 在领口处和下身穿着上下功夫，改变整体风格。

领口处露出带有白色蝴蝶结的女式衬衫，给人以规整感。

> > >

在此款搭配中，大领口以及束腰部分都衬托出了下摆的宽松，这种线条给人以淑女气息。搭配白色蝴蝶结和柔软的短裙，也衬托出了大衣的档次。

根据材质搭配穿衣，如果是尼龙上衣就搭配出休闲风。

> > >

在此款搭配中，黑色和米色相配，且以豹纹做点缀。此款搭配能让人充分感受到休闲材质的服装带给人的舒适感，且适合前面敞开、不系扣子来穿。

个性派

开衫式连衣裙的搭配方案

常见
搭配实例

大的袒胸领配以同一色系的内衬打底衫，常见的搭配。这款造型没有配搭小饰品，是单纯依靠服装营造出淑女风，但整体显得太过朴实。

从优雅到休闲，搭配可以改变印象的小饰品是关键。

对于开衫式连衣裙，本来觉得应该是百搭的，但是，令人吃惊的是，搭配往往陷入固定模式。通过内衬的小短衫来使颜色岔开，也是方法之一，但是，比起这种过于刻意地增加颜色来达到效果，搭配小饰品更能给人以明朗清晰的印象。开衫式的连衣裙配以各种小饰品，就能给人不同的感觉。让我们大胆地试着搭配项链和围巾吧。另外，脚部的搭配，从有正式感的薄底浅口皮鞋到运动风格的靴子，都可以选择尝试。但是，休闲的针织材质和传统的透明感丝质不太相称，所以，要穿薄底浅口皮鞋的话，还是要搭配打底连裤袜。在连裤袜的选择上首先要考虑和鞋子的颜色、材质是否相配，在此基础上选择一些不羁风格的花纹来改变整体的印象，比如水珠图案。

选择亮点

单色前襟敞开的款式更好。

此款搭配选择了百搭颜色的深灰色开衫式连衣裙。像无领的衬衫和裹式的女裙一样，前襟可以敞开的话，也可以当作长款的对襟开衫来穿着。前面加褶的设计增加了胸口的亮点。

通过领口的变化来验证

为了搭配开衫式连衣裙大大的深V领，可以考虑搭配能够产生层次感的项链和围巾。为了保持服装设计的主体地位，我们来试着搭配更能衬托出褶饰魅力的着装吧。

通过有质感的项链来增强感染力

> > >

此款搭配中，有存在感的项链，将人们的视线都集中到了领口处。搭配出的造型，给人一种成熟女人的美感。

搭配有小亮点的围巾

> > >

此款搭配中，两圈珍珠项链搭配水珠花纹的乔其纱围巾，自然地围在脖子上，这样隐藏了脖子的线条，突出了褶皱感。

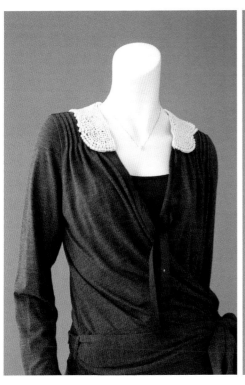

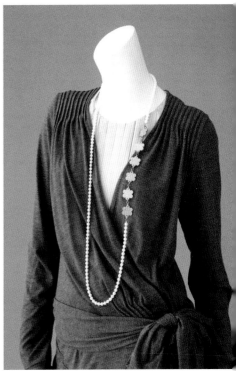

搭配活领，享受清新的女孩风格

> > >

搭配和灰色相协调的白色活领，穿出整洁感。这样既可以使脸部线条比较明朗，也可以给人以简洁感，穿出可爱的少女风。

浅粉色作为清新的上部装饰

> > >

此款搭配中，用项链和内衬添加亮色，增加了对比性，并且很好地利用了灰色和浅色调相称的性质。

通过脚部的变化来验证

　　连衣裙的裙摆较大，并且是单色，所以，从脚部开始进行搭配，就可以简单地改变印象。首先确定用来搭配的鞋子，然后搭配小饰品和内衬衣物。我们试着用现有的鞋子与配件，来搭配连裤袜和装饰胸口吧。

① | ② | ③

① **水珠花纹的连体裤搭配黑色小饰品来做点缀。**

此款搭配是很相称的单色衣物间的搭配。薄底浅口皮鞋和连裤袜上都有黑色，所以，在胸前搭配同一色系的项链和大胸花，使得上下黑色相平衡。通过优雅的薄底浅口鞋的联动作用，整体给人一种女人味十足的印象。

② **发挥绿宝石色的作用，对比穿着。**

因为，此款衣物的颜色是很好搭配的灰色，所以，也可以搭配颜色相差较大，有感染力的小饰品。以和衣服色调相符的绿宝石色鞋子为基准，来选择连裤袜、包和项链的颜色。连裤袜不要选择肤色，选择颜色深一些的动物纹为好，这样就能和衣服很好地契合。

③ **黑色搭配米色，同色系搭配穿着。**

此款搭配是带有灰色点缀的米色围巾和灰色开衫式短裙，一起打造出有品位的搭配。鞋子的颜色很有魅力，决定着给人的整体印象。同一色系浓淡不同的颜色相结合，可能会使得搭配不协调，因此选择浅米色的围巾。这样搭配，给人一种超脱感，且突出重点。

改变造型

**因为是基本的颜色和材质，所以不
羁风格的个性搭配也很合适。**

> > >

此款搭配中，连衣裙和条纹打底衫
等为相同材质，协调性很好。因为
是颜色百搭的基本款连衣裙，所以
和很个性的内衬衣物搭配也很合
适。主要颜色为葡萄紫的打底连裤
袜搭配以薄底浅口鞋，加上从领口
和袖口露出的紧身打底衫，使整体
颜色达到了平衡。

开衫式连衣裙的穿着规则 ≫─────

1. 通过在V领区域搭配有感染力的小饰品，来改变造型。
2. 以现有的鞋子颜色为基准，来选择搭配小饰品。
3. 因为连衣裙是单色，所以，搭配时要考虑到颜色，应平衡搭配。

前面开口，手感轻薄，因此，也可以作为长款的对襟开衫。

> > >

这款前面开襟的裹式女裙也可以作为对襟开衫穿，再加上一款有垂坠感的柔软围巾的话，这件淑女连衣裙就被穿出了休闲风。半长短裤和靴子又可以增加中性气息。心情也可为之一变。

锻炼自己穿衣打扮的敏感度

我在意的搭配元素 1

不满足于单一款式，微妙差异也能改变风格。

　　平时，工作时常穿的衣服千篇一律，这种情况我们可以通过以黑色或白色为底色的小饰品来改变穿衣风格。在搭配时以围巾、项链、胸针等种类各异的小饰品为主，即使是同一种类的小饰品，设计、材质在搭配时也各有不同，这时，就要选择和衣服相称的进行搭配了。

　　比如，黑色的围巾。厚厚的毛质大衣可以搭配有光泽感和装饰性强的蕾丝围巾，而有光泽感的尼龙上衣可以搭配与其风格相似的围巾。我们也要注意材质的细小差别和装饰的不同，并以此来决定穿衣的着重点。

在黑色围巾上搭配蕾丝、亮片或者棉质有厚度的装饰物、只要稍作改变，就可以给人耳目一新的感觉。

　　珍珠项链也是如此。白色的珍珠不仅可以使脸部变得明朗起来，还可以提高休闲服装的品位，使用度很高。虽然我们平时喜欢佩戴珍珠项链，但是也要根据当天所穿的衣服搭配长度、颗粒大小合适的项链。

　　不要每次都搭配单串珍珠项链和同一条围巾，试着注重小的细节差异，你会发现打扮的空间变宽了。

真是一款令人中意的珍珠项链。它并不是我们平时在一些正式场合佩戴的传统单串珍珠项链。它是由形状不大规则的大颗粒淡水珍珠项链组成的。图中还有其他长短不一、款式不一的珍珠项链，其中有棉花珍珠（日本流行的饰品材质，由天然棉花压缩而成）项链、海水珍珠项链和淡水珍珠项链等。同样是珍珠项链，设计不同，给人的感觉和适宜的场合也就不同，可根据穿衣场合和服装营造的颈部线条来选择搭配。

也许你经常这样想，要是有一件简单、无可挑剔，又可以更加有品位的衣服就方便了……要有一件可以穿得出去的衣服就放心了……但是这样的话，就很容易给人一种风格很单一的印象。从谁都有的经典款式到不太容易搭配的个性较强的鲜明款式，石田通过"减法加法的规则"来教你搭配出各种不同的风格。

经典和鲜明的着装搭配

经典款式的穿着技巧

简单、基本，让人放心的穿着秘诀

基本款式的衣服是指，既不休闲，也不是女人味十足，普普通通的衣服。因为它可以和各种衣服进行搭配，人人都有，因此又被叫作经典款式。

此类衣服，样式简单，如果主打这类衣服的话，就会显得过于朴素、保守，以至于毫无情趣。因此，"累加搭配法"就成了必要。以颜色、材质简单的款式为基本，搭配各种个性的小饰品，就可以提升此类衣服的穿着品位。

即使是简单的毫无变化的上衣，搭配上颜色漂亮的内衬衣服，也可以穿得华丽不凡，再搭配上显眼的项链，时尚感瞬间提升。这些就是累加穿衣法的基本规则。总之，要想穿出成熟女人的魅力，不管什么样式的衣服，建议都添加有女人味的搭配元素。

无论是休闲风格，还是正式风格，都做一些清新的累加搭配，这是成熟人士经典款式衣服搭配的重点。

石田派
累加
搭配法

1

**搭配风格明确的衣服，
给全身的穿衣打扮定性。**

经典款式，既不是休闲风格，也不是女人味
十足的风格，多为普普通通的衣服。可以和
时尚、清新、装饰感强等不同风格的衣服搭
配。

2

增加颜色，使搭配华丽、显眼。

经典款式的衣服多为单色，加入颜色或花
纹的话，就可以改变整体穿衣打扮给人的
印象。

3

**增加衣服的层次，搭配错落有致，
使整体效果变得新鲜。**

款式简单的衣服大多材质普通，通过搭配
光感材质的衣服、皮质衣服、针织物等，使
经典款式变得新鲜。

正因为是经典款式，所以，细节部分的选择很重要。

推荐四款有品位的基本款

\ 01 /
黑色西装上衣

注重轮廓

> > >

选择长度稍微短一些，可凸显腰部线条的上衣。黑色西装上衣可以和各种内衬衣物、下身衣物搭配，所以，在细节上稍加变化就可以使整体搭配显得女人味十足。质地以无论怎么叠加都显得清爽、手感轻盈的羊毛为好。此款上衣的应用率很高，是春夏必备款。

\ 02 /
白色衬衫

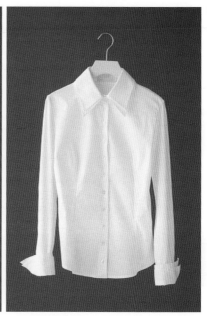

着重突出V领处

> > >

白色衬衫的重点在领口处。首先要检查一下开到第二个扣子的这种穿法是否适合自己。另外，还要选择稍微修身一些的款式，这样方便和各种衣服进行搭配。可以翻过来露出手腕的折袖、可以很好地配合脸部表情的衬衫衣领，都是选择的重点。

\ 03 /

紧身裤

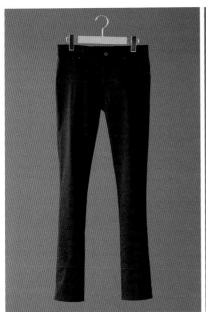

\ 04 /

牛仔裤

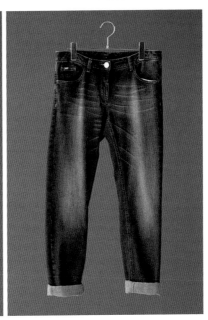

有弹性的材质是选择的关键点

> > >

为了使腿部的线条不显得过于紧绷，选择
有弹性、伸缩性较强的棉质弹力织物比较
合适。太瘦的话，看起来不舒服，太肥的
话，又穿不出紧身裤的轻快感。因此，在
试穿时，尺寸刚刚好最合适。颜色的话，
选择显瘦的黑色较好。

裤腿可挽起来，选择宽松的款型

> > >

以可以挽起裤腿为前提，选择不太瘦
也不太肥的款型，可作为中性风衣服
来穿着。衣服的材质过硬的话，容易
使人显得臃肿，所以，应选择较软的
材质，或100%纯棉的。此款牛仔裤，
在裤缝和口袋部分都没有多余的装
饰，是基本的款型。

黑色西装上衣的搭配方案

成人礼、婚礼、丧礼和祭祀时所穿的衣服，在颜色、设计和方向性上，都以累加法进行穿衣搭配。

在颜色、外形上，黑色西装上衣都给人以正式、保守的印象，是十分有必要以累加法进行搭配的服装之一。虽说是朴素的上衣，但是，根据它的风格，也可以作为主打的服饰。为了达到此种目的，我们建议搭配一些和它给人的印象完全相反的清新类型的服装。

不妨增加一些暖色系的颜色、女性经常使用的小饰品、蕾丝、丝带和女人味十足的内衬衣物，这样一下子就可以改变保守的感觉，让整体显得柔和起来。

去除保守性，增加线条的趣味性，这种搭配方法十分有效。传统的西装上衣，即毫无时尚感的服装，和淑女风服装相搭配后，彼此都会更突出。

这样的黑色上衣和个性十足的服装搭配后，魅力立现。让我们信心百倍地在服装搭配上创造一片新天地吧。

服装搭配不能让人眼前一亮的原因就是整体搭配得太土气。
想要改变这种状况就要在搭配上下一番功夫了。

这件简直就是呆板的职业装。
长款的西装丝毫没有女人味。
内搭和下装都风格简单没有个
性，很难给人留下印象。

全身都是黑色给人印象消极。
在颜色、款式、搭配上都需要
加入积极元素。搭配华丽风格
的衣服更能衬托出黑色服装的
魅力。

"累加法"搭配范例

搭配大胆的印花短裙和小饰品，在颜色和淑女气质上进行"累加法"搭配。

> > >

通过搭配显眼的、以大花纹为主题的女式短裙，一下子改变了黑色西装上衣保守的感觉，使之变得柔和起来。搭配绿色的薄底船鞋和胸花，使颜色达到平衡的同时，也使整体的华美气质彰显了出来。短裙的柔软感和作为内搭的女式衬衫的淑女气息，使黑色上衣变得时尚漂亮。

在显眼的花纹和时尚感方面进行"累加法"搭配。

> > >

黑色上衣和瘦版裤子，搭配上显眼的有明艳花纹的长上衣，使搭配变得非常时髦。带有鲜艳印花的长上衣给主打的黑色外衣增添了新内容，提高了品位和档次。长上衣、瘦版裤子和黑色西装上衣，都是我们搭配时常用的备选单品。

通过改变上半身来改变整体风格

　　为了打破西装上衣给人的不柔和感，十分有必要进行一些女人味十足的搭配。搭配的服装饰品要选择一些大的、显眼的。如果搭配内衬衣物或围巾的话，颜色鲜艳的、大花纹的款式可以达到改变呆板印象的效果。

基本
搭配

　　长款的 A 线条连衣裙为淑女风做了铺垫。上下颜色相同，也为颜色的搭配提供了无限可能。

① | ②

③ | ④

① 有着大大的丝带的女式吊带衫将淑女气质集中到了胸前。

此款搭配中，黑白搭配显得十分华美。用纯棉的可爱风女士吊带衫作为内衬，帮助黑色上衣完成华丽变身。

③ 借助红色力量，简单地将清新元素加入搭配。

暖色系的内衬衣物轻而易举地增加了淑女气质。花纹围巾将黑色上衣和红色内衬衣物强烈的色彩对比进行了调和。

② 用花项链定义十足女人味。

此款搭配中，黑色上衣所需要的柔和和华美，通过大的花朵项链展现出来。仅此一种装饰就可以使整体感觉变得柔和。

④ 因为款式比较朴素，所以搭配起来不是很困难。再搭配一些带有花纹的饰品，效果会很好。

黑色西装外套和黑白条纹上衣给人的印象朴素且有些呆板，大花纹的围巾的加入让这套沉闷的搭配生动了起来。

白色衬衫的搭配方案

在清洁感和敏锐感方面稍微增加一些淑女气息。

白色总给人一种正式感，这种正式既可以是好的，也可以是不好的。简洁的学院风和清爽感是白色衬衫的魅力所在。发挥它的这部分优势是穿衣搭配的基本。但是，只要稍有不慎就会使学院风变成制服范儿，清爽变成呆板。为了不至于此，搭配的衣服在颜色和设计上要女人味十足，这点很重要。总之，如果想穿得成熟、有魅力，在搭配时稍微抑制一下敏锐感，就能使整体着装更融合。

但是，一旦搭配鲜亮颜色的衣服，白色衣服难得的清洁感就会消失不见。以单色为中心进行搭配，搭配浅粉色和发暗的葡萄紫等，增加亮点，就可以使清新和敏锐并存。

想要打破制服似的呆板，就不得不增加柔和的元素。如果只增加相同风格的衣服，就难免会给人以正式呆板的印象。

此款搭配中，同一基调的裤子，没下任何功夫。普通得不能再普通的搭配使人毫无生气。

此款搭配给人女强人味十足的感觉。此款搭配虽然可以在求职时穿着，但作为成熟女士服装，着实没有女人味。

"累加法" 搭配范例

对襟开衫、过膝短裤，
　"累加法" 搭配出学院风。
> > >

此款搭配中，虽然对襟开
衫、过膝短裤增加了白色
衬衣的制服印象，但是我
们选择开衫时并没有选择
藏青色和黑色，而是选择
有着成熟气息的葡萄紫
色，再加上胸花，搭配出
说不出的淑女气质。脚部
搭配张扬的靴子，在标准
的学院风基础上，清新和
张扬相融合。

**男孩气的坎肩搭配裤子,
"累加法"搭配出更强烈
的敏锐感。**
> > >

白色衬衫本来就具有少年
的活力气息,再搭配上皮
毛质的坎肩和针织的帽
子,给人以少年侍者的印
象。黑、白、灰三种单色
搭配绿色项链,包上搭配
花纹围巾,点缀出淑女气
质。单色的搭配中,加入
其他颜色,效果明显。

通过改变上半身来改变整体风格

  线条敏锐的白色衬衫并不适合搭配女人味十足的服饰，而是适合稍微有些淑女气质，略显可爱的小饰品。只是，在搭配时，应注意避免搭配光感太强的小饰品和内衬，否则会破坏白色衬衫给人的潇洒感觉。

基本
搭配

  此款白色衬衫，搭配黑色的裤子，上下都是单色，但搭配错落有致。再搭配上给人留有深刻印象的小饰品，此款着装就完成了。

① 修饰V领部分：有着艺术气息的项链坠。

搭配有着优雅艺术气息的项链坠，在单调的直线条中增加了点缀。银色这种冷色调和白色衬衫也比较相称。

③ 搭配用淡粉色点缀的几何图形围巾。

搭配上花纹和其他颜色，立刻消减了制服感。几何图案可以很好地平衡清新感和敏锐感，和白色衬衫也比较适宜。

② 搭配带有金银丝的针织毛衣，更显淑女气质。

给人敏锐感的领口和清新的金银丝针织毛衣交相辉映。长款的项链更是增加了女人味，整个搭配给人以干练的印象。

④ 搭配黑色内衬，增加对比性。

黑色的内衬衣物增强了视觉冲击，也使得领部更加有层次感。搭配两个重叠的胸花，内外相呼应，使服装整体感增强。

瘦腿裤子的搭配方案

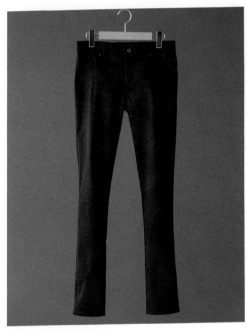

搭配长款上衣是熟龄女性着装打扮的不变法则。

作为下身基本衣物，瘦腿裤子近些年来很受人们欢迎，但是，要考虑到瘦腿裤子在臀部、大腿等部位比较贴身，这对于熟龄女士而言就显得不太得体。搭配上衣时首选是长款，盖住大腿，这是穿衣准则。另外，因为是合身的瘦腿裤子，所以，和宽松一些的上衣搭配，能穿出层次感，给人以苗条的美感。

推荐和法式香风款进行搭配，可以加深给人的印象。但是也要注意服装的品质和档次，优雅的穿着是关键，一定要避免留给人一种太随便、廉价、寒酸、装嫩的印象。另外，裤子的材质方面也要十分注意，由于裤子比较贴身，选择不慎就会露出内裤的痕迹。棉质的弹力织物等有弹性面料的裤子可以更好地展现腿部的魅力。颜色方面，虽然黑色和白色是基本颜色，但是，更加显瘦的黑色穿着频率更高，应该是我们购买瘦腿裤子的首选。

瘦腿裤子臀部和大腿等部位的线条比较贴合，
因此，应该搭配穿着不太显小腹的衣服。

看起来有膨胀感的米色瘦腿裤搭
配紧身的针织衫，露出了腰部、
臀部和大腿，这是最不推荐的搭
配。搭配长款的上衣是成熟女性
穿衣打扮的基本方法。

此款搭配中，不仅针织衫的尺
寸过短，整体单调的颜色也是
搭配失败的关键。上下身颜色
模糊，全身毫无层次感。在挑
选衣服搭配时，不推荐选择淡
黄色的裤子，如选择应搭配深
色长款的上衣来增加分量。

"累加法"搭配范例

搭配轻便的对襟开衫，通过累加法搭配出瘦腿裤的柔和性。

> > >

此款搭配中，针对休闲的短靴和瘦版的裤子，上身搭配有律动感的长款对襟开衫和柔软的大方巾。这样给有着敏锐线条的瘦腿裤增加了柔和性，搭配出了帅气的休闲风。合身的下身衣物适合搭配宽松的上身衣服，如此整体便达到了平衡。

通过搭配丝绸质无袖连衣裙，在颜色和尺寸上进行累加搭配。

> > >

黑色瘦腿裤搭配色彩冲击力强的蓝色连衣裙，增加了色彩的层次。无扣风格的女式开衫和小饰品增强了淑女气质，穿出了套装风格。上身如果采用长短两件叠穿搭配的话，短款下摆应该垂到长款的六七分位置。

通过脚部的变化来改变整体风格

　　由于此款裤子的尺寸限制，我们不穿袜子时就会露出脚踝。因此，我们不仅要考虑鞋子的搭配，也要将丝袜和连裤袜的因素考虑进去，来进行脚部造型的变化。袜子选择的关键是质薄，不影响裤子的线条。另外，如果是紧身款的裤子，首选也是最经典的，就是搭配长靴了。

基本
搭配

　　上身搭配了与裤子同一色系的长上衣。只需在脚部添加一个亮点，就能达到使整体造型感觉变化了七分的效果。

① | ②

③ | ④

①加入青绿色，在脚部增加点缀。

将裤腿挽起，使之变短，并搭配以亮面的青绿色薄底浅口女鞋，同时搭配纹状连裤袜，增强冲击力。

③通过搭配长靴来提升休闲感。

手感轻薄的裤子和长靴很相配。想要穿出轻快感和中性风格，可以选择此款搭配。这是成熟人士休闲风格的经典搭配。

②通过搭配蛇纹的薄底浅口船鞋，将视线集中到脚部。

因为下身非常朴素，搭配如此有存在感的鞋子，瞬间变得有品位起来，同时搭配网状丝袜，这样，既显档次又漂亮的搭配就完成了。

④同一色调，搭配出古典感觉。

黑色漆皮鞋搭配带有白色针脚纹的黑色连裤袜，穿出伶俐感。这样搭配，凸显了鞋子的材质，使脚部显得潇洒帅气。

经典款式

牛仔裤的搭配方案

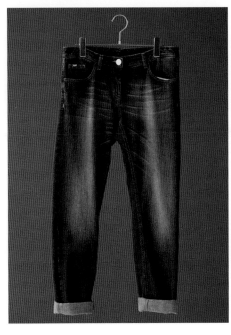

以清新风格穿着牛仔裤，拓宽打扮的幅度。

牛仔裤作为时装，一直以来都受到人们的喜爱，但是，因为最初牛仔裤是作为工作服来穿的，所以，它是极具休闲感的下身衣物。事实上，它给人的这种印象还比较强，因此，多数情况下，它被穿作运动装。

所以搭配时，针对这种休闲感强的衣服，要想穿出成熟女性的美，就要选择一些深颜色，且关键是要加上一些清新的元素，去除工作服的印象。

在此推荐的方法就是，通过增加其他的颜色来达到效果。牛仔裤多为蓝青色，是比较中立的颜色，因此，不论是和显眼的亮色，还是和柔和的浅色，都能很好地搭配。搭配时，不妨冒冒险，试着和各种颜色进行搭配。另外，它和女人味十足的褶饰、蕾丝等都能很好地搭配。最后，考虑到整体的平衡性，我们还可以通过小饰品，适当地增加些清新元素，这样搭配就完成了。

穿着牛仔裤的话，应该果断地搭配一些清新元素。牛仔裤，与其说是休闲款式，不如说是可以自由搭配的基本款式，抓住这一点，就可以扩大穿衣打扮的幅度。

如果按照日常牛仔裤的风格搭配的话，就又会成为休闲风格，
因此，很有必要增加一些华美感和正式感。

高腰的牛仔裤配上衬衫，正
是十分休闲的牛仔裤穿法，
平时在家里穿的话，也许还
说得过去。

图例中的搭配仅仅停留在基础
阶段，上下都十分简单。如果
想要搭配得比较个性，还需要
进一步改进。

"累加法" 搭配范例

通过搭配长款的对襟开衫，在颜色上进行"累加法"搭配。

> > >

鉴于不能在身上胡乱添加搭配单品，我们可以增加一些颜色，这也是十分见效的改变风格的方法。因为牛仔裤的颜色不论艳色，还是浅色，都很好搭配，所以，仅仅选择一些漂亮的颜色就能改变牛仔裤"休闲服"的印象，使它变得华美起来。搭配轻柔的对襟开衫和椭圆图案的围巾，就能呈现出女性的柔美。牛仔裤采用累加法搭配的关键就是搭配一些和它相差比较大的清新款式。

通过搭配单色上衣，增加正式感。

> > >

对于外穿的衣服，带有一定程度的正式感是很有必要的。因为牛仔裤和外套也很相称，因此两者经常搭配。搭配单色打底衫外套，不仅给人以正式感，还十分具有女人味，是成熟女士十分推崇的搭配款式。另外，在内衬和脚部搭配橙粉色，清新感十足。

通过改变脚部来改变整体风格

　　从男式风格到女式风格，围绕牛仔裤穿衣搭配的幅度比较广。即使是上衣和牛仔裤这种十分简单的搭配，仅仅通过脚部的改变就能达到很好的效果。让我们通过搭配各式各样的鞋子和袜子来改变风格，变换造型吧。

基本
搭配

　　灰色的高领套头毛衣配上藏青色上衣。这是可以搭配各种小饰品的基本款式，颜色单一，是基本的穿着造型。

①│②

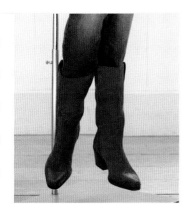

③│④

①通过搭配短帮靴，走时尚路线。

因为脚部露出的部分较少，所以，通过鞋子和同一色系的袜子来突出整体感。单色无花纹的短帮靴会显得呆板，所以，选择菱形图案的款式做不太刻意的点缀。

③和非常成熟的半长靴搭配。

如果搭配短款的靴子，就容易显得比较随意。因为裤子的设计比较简单，所以搭配合适颜色的皮质靴子，就能给人冷静的印象。

②红色漆皮薄底浅口女鞋穿出成熟人士风格。

给挽起裤腿的牛仔裤搭配上不同的颜色，再加上发光的皮鞋，整体感觉华美。搭配斜纹紧身裤袜，使脚部更具变化，搭配出性感的味道。

④通过搭配双色皮鞋，将注意力集中到脚部，发挥它的个性。

如果要搭配系带高帮的皮鞋，那么，裤管不能挽得太高，不能露出脚脖。这是搭配的关键。通过搭配出的古典气息来改变印象。

鲜明款式的穿着技巧

既有感染力，可以留给人深刻印象，而又华美的穿着

　　个性鲜明的衣服，即和经典款式截然相反的衣服，这种类型的衣服，大多风格分类比较明确，像休闲型、淑女型等，并且是可以搭配出不同造型，留给人深刻印象的主打款式。只要一件就可以突出主题，装饰过多反而会分散注意力，导致失败的搭配。

　　因此，我们在此采用"递减法"。和简单的衣服进行搭配，整体印象就会柔和；和风格相反的衣服进行搭配，鲜明款式的个性就会彰显出来。

　　活泼的褶饰女式衬衫和蕾丝短裙都是清新款式，不会太过显眼。如果和休闲的工装裤搭配的话，反而会非常显眼。鲜明款式的衣服和不同风格的衣服或比较中性的衣服进行搭配，可以调节它在造型中的影响力，使之不至于过于显眼。这就是递减搭配法的作用。换而言之，递减搭配法就是在基本款式的基础上，将张扬和清新相融合的搭配手法。总而言之，要想穿出成熟女性的美，就不能过于休闲，也不能过于性感，这样就会有装嫩的嫌疑。所以在穿着冲击力较强的衣服时，一定要使用递减法进行搭配，这点很重要。

石田派
递减
搭配法

---

1 **搭配风格完全相反的衣服，互相配合，突出个性。**

男式风格和女式风格，优雅和休闲，风格不同的衣服进行搭配，穿出混搭风。

---

2 **同简单风格的衣服相搭配，强调服装的主体。**

与经典款、简单款服装相搭配，使之成为鲜明的款式，吸引人的眼球。基本的搭配之中，突出主体服装的个性。

---

3 **即使是简单的设计，若衣服的材质够特殊，也可以成为鲜明的款式。**

即使是设计简单，颜色基本，如果材质不好的话，也不可以利用"递减法"进行搭配。选择的材质上乘颜色够鲜艳，才能有冲击力，突出主体服装。

正因为是鲜明的款式，所以，精心选择衣服的材质等很重要

推荐三款有品位的鲜明款服装

\ **01** /

带褶饰的女式衬衫

\ **02** /

半长短裤

\\ 03 /

有质感的短裙

01　通过搭配无光感材质的服装，来回避带给人的正式感

> > >

因为款式太过优雅，着装打扮的选择范围就会变窄，因此，适合选择没有光感的棉质材料。褶饰可以作为有量感的服装的点缀。下摆长一些的话，也可以作为外穿的衣服。

02　适合搭配的基本颜色和材质

> > >

因为半长短裤的休闲气息比较强，因此，在颜色和材质上，应该选择一些没有明显风格特征的基本款式。长度以刚刚露出膝盖为宜。太长或太短给人感觉都会大大不同，所以，需要特别注意。像骑马短裤那样下摆宽大的，就会限制着装搭配，降低品位。

03　宽大的百褶裙要选择有垂落感的款式

> > >

选择百褶裙时，应重点考虑材质，选择有质感的比较好搭配。因为追求垂坠感，所以，选择像蓬蓬裙那样收下摆的款式比较好。下摆过于宽大的话，质感和清新感会太强，反而降低了穿衣打扮的品位。

带褶饰女士衬衫的搭配方案

对于清新感十足的衣服，很有必要搭配和它风格迥异的服装。

　　带褶饰女士衬衫的穿着，关键是将褶饰作为点缀。前襟和袖口处的褶饰，给人小饰品的感觉。通过上衣的搭配，调节了服装的分量和外观，即使是很有冲击力的褶饰，也并不太显眼，传达出冷静沉着的气息。

　　单穿这件衬衫的话，搭配休闲的内衬、下装和略带女人味的小饰品，通过递减法增强清新感。

　　搭配的颜色以单色、卡其色等颜色为基础。暖色系的颜色会加强女性服装风格，不可用。总之，抑制女式衬衫的华美和清新，将它穿出朴素雅致和纤细可爱的感觉。这样和成熟的女士风格很相称，并且和清新感也很契合。

因为是带褶饰的女式衬衫，所以，搭配同一风格的女士短裙，
是典型的失败搭配范例。

此款搭配是典型的失败搭配范例。无论是褶饰女式衬衫，还是印花短裙，都属于清新风格。作为主角的衬衫和短裙处于同一地位，没有穿出层次感。这种清新配清新的搭配，使整体感觉保守、呆板，给人老土的感觉。

和上一款搭配一样，这是典型的清新配清新的搭配。即使是白颜色的蕾丝，也会给人比较强的材质感，这样的搭配使上下衣物的个性特点被抹杀。项链和衬衫也是同一款式，整体给人感觉太阴柔。

"递减法"搭配范例

在下装和鞋子上增加休闲元素，减弱清新感。

> > >

搭配厚底的系带鞋，使上衣的华美与之相呼应，淑女的张扬和清新相混搭。搭配尺寸合适的衬衫，将开衫收在腰部，与之搭配。并且，为了抑制一下整体的质感，搭配有立体感的深色裤子。带褶的袖子，从开衫的袖口处露出也是一个小亮点。

通过搭配基本款女士无袖坎肩，稍微减轻女士的阴柔感。

> > >

基本款式的针织女式无袖坎肩配以挽裤腿式裤子。整体的冷静风格得到抑制，更加突出了胸前的褶饰。白、灰、黑和藏青色，几种颜色相搭配，抑制了白色带给人的清新感，从而减轻了女性的阴柔特征。记住这一技巧，为以后的穿衣打扮创造便利。

通过上半身的改变来改变整体风格

　　下身如果搭配牛仔裤的话，上下服装搭配的平衡感就很好。通过搭配饰品和对襟开衫，来明确衣服的风格。如果太过清新或者休闲，可以通过脚部的递减法搭配来进行调节。

基本
搭配

　　此款搭配是，下身搭配经典款的牛仔裤。这样就和带褶饰女式衬衫的清新感相抵消。对应搭配的服装饰品，明确了此款服装搭配的风格。

① | ②

③ | ④

① 和休闲感强的卡其色进行搭配。

朴实无华的卡其色连衣裙搭配夸张的大链条形项链，提升了休闲感，减轻了清新感。

③ 通过搭配腰带和高领内衬，增加休闲感。

通过搭配双层的钉饰腰带和高领打底衫，穿出田园风。这种混搭风格使得女式衬衫显得与众不同。

② 搭配西装款上衣，增加规整感。

有着敏锐气息的上衣和女孩风格的清新褶饰衬衫相结合，规整的外套突出了衬衫的可爱。

④ 搭配对襟开衫，将其褶饰作为小饰品进行活用。

露出V领区域和袖口以及下摆处的褶饰，使得对襟开衫的前面堆得满满的。这样，女式衬衫就不仅仅是作为衣服，而是作为一件像围巾似的饰品在整体造型中发挥作用。

鲜明款式

半长短裤的搭配方案

同优雅、机灵、活泼、时髦等女性气息浓厚的款式相搭配。

因为半长短裤有着童装和男士服装的特点，所以，搭配和它不同风格的衣服来消除这种印象是关键。半长短裤适合搭配有着清新感的针织物，有蕾丝、褶饰等细节的款式，以及有庄重感的上衣等，这样搭配，既可以保留半长短裤日常装的印象，还可以突出成熟女性的规整感。半长短裤虽然极易被当成运动款，但并不是户外运动着装款式。它同其他的下身衣物一样，避免和太过女性阴柔的款式和规整感太强的款式相搭配，这样就能拓宽搭配的幅度，提升品位。

搭配小饰品的关键就是，无论如何都要露出脚部。在选择搭配可以使整体印象大大改观的连裤袜和鞋子时，挑选一些有清新感的总没错。搭配淑女薄底浅口女鞋，增添华美感，以此来尝试挑战吧。

有男孩风格的衣服，应该在运动感和休闲感上进行递减搭配。

如果都搭配同一风格的衣服的话，就又成了日常便服，这样的搭配不合格。

此款搭配着眼于半长短裤运动风的特点，搭配同样风格的棉坎肩和运动鞋，像高尔夫球服，虽然看起来很轻便，但显得不修边幅。

一心想着做便服穿着而进行搭配的话，就犯了搭配时很容易犯的错误。半长短裤很容易被误解为很实用，穿着频率很高的款式，但要想把这件衣服穿出去，首先就要摒除这种想法。

"递减法"搭配范例

通过搭配对襟开衫和小饰品，减少少年气。

> > >

短裤搭配了有正式感的对襟开衫，开衫的前襟处镶上同一颜色的镶边，这样就减弱了半长短裤的男孩气。通过搭配以花为主体元素的贝雷帽和流苏包，增加了清新感。并且，搭配及膝长靴，盖住膝盖，少年的孩子气就消失不见，变得时尚起来。

搭配中长款上衣，减少休闲感。

> > >

用很容易被认为是日常运动风格的半长短裤搭配有规整感的长款上衣。上衣的庄重感完全掩盖了半长短裤作为便衣的印象。加上有冲击力的围巾作为点缀，并且通过搭配黑白小饰品，来使腰部线条更加流畅。

通过下身衣物的改变来改变整体风格

　　因为脚部外露的概率比较高，所以，思考一下和连裤袜的搭配很重要。关键就是作为裤子和鞋子过渡的连裤袜的颜色。但是，因为单色无花纹的款式会过于显眼，且给人以保守、呆板的印象，所以，通过搭配花纹或者透明的连裤袜来缓和这种情况。

基本
搭配

　　柔软的同一色系的针织衫配上黑色薄底船鞋。通过脚部的变化，整体形象就不会过于规整，也不会显得过于阴柔。

① | ②

③ | ④

① 紫色连裤袜，使脚部显得华美。

紫色的连裤袜搭配薄底船鞋。通过搭配不太显眼的透明条纹的连裤袜，使短裤的颜色与整体相容。

② 通过搭配粗花呢薄底船鞋，穿出个性风格。

多色编织的薄底浅口女鞋搭配连裤袜，连裤袜的颜色为鞋子颜色中的一种。无花纹的连裤袜，突出了设计的新颖性。

③ 搭配绒面革长靴，穿出成熟休闲风。

及膝的长靴，使腿部显得更加修长，并且搭配同一色系的蕾丝连裤袜，细微之处也要精心搭配。

④ 搭配菱形花纹式连裤袜，稍显女孩气质。

搭配菱形花纹的透视连裤袜，穿出了少女气息，并且给人朴实无华的感觉。裤子和鞋子若为同一色系，有花纹的连裤袜则更能显得与众不同。

鲜明款式

质感短裙的搭配方案

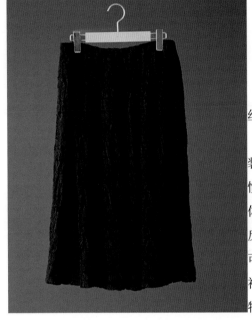

减弱经典女式风格和裙子的膨胀感。

有着公主裙感觉的蕾丝短裙，是十分有必要通过"递减法"搭配的一款服装。对于这类短裙，人们习惯搭配清新款的上衣，使整体显得女人味十足。结果，反而使整体太过贴身，有装可爱的嫌疑，掩盖了质感短裙本来就具有的活泼可爱的特质。改变风格尝试去搭配一些有休闲感的上衣和小饰品，将其搭配出相反风格，这是质感短裙穿着的要点。

正因为是清新感十足的女士短裙，所以也可以尝试一些不太容易想到的，比如轻便运动鞋、羽绒服等。这样使张扬和清新相结合，是比较新鲜的搭配。另外，因为裙子很有质感，所以上身需要搭配有冲击力的服装，使上下达到平衡，这点很重要。我们在搭配时需要记住的一点就是，使搭配的线条呈现X形，营造出层次感。

搭配不能太过清新，这样会消除整体强烈的质感，在这方面下功夫很重要。

虽然搭配休闲的元素很有必要，但是，宽松的对襟开衫没有穿出整体的垂坠感。短裙的质感表现得也并不彻底，给人的感觉也不可爱。

短裙搭配了蕾丝的长上衣，是典型的清新配清新的搭配。同一风格的女士内搭，使搭配更具女人味却没有层次感。另外，本来想呈现的是清爽的色调，但是腰部的颜色又很模糊，给人一种保守、呆板的印象。

"递减法"搭配范例

通过搭配相反风格的羽绒服，果断进行"递减法"搭配。

> > >

具有少女气息的蕾丝短裙和有运动感的羽绒服搭配，是典型的甜美和干练风格的混搭。关键是，里面要搭配休闲风格的棉质连帽卫衣，抑制短裙以外的所有清新元素。为了提升质感短裙的着衣品位，活用不太显眼的时尚款式和运动款式，也是方法之一。

通过搭配短款的上衣，减轻短裙的松软感。

> > >

此款搭配选用了短款的收腰上衣。稍微有些女式风采的对襟开衫和女式衬衫的搭配，都是清新款式的搭配。如此搭配，使得线条得到收缩，减轻了短裙的蓬松感。脚部没有搭配薄底船鞋，而是搭配粗放的鞋子来突出新颖性。

通过脚部的改变来改变整体风格

　　脚部搭配并不是为了将短裙衬托得更加清新，所以，让我们试着搭配一些设计感强的鞋和楔形底的运动鞋等休闲款式吧。质感短裙可以通过脚部的改变进行"递减法"搭配。

基本
搭配

　　此款搭配的是紧致的对襟开衫和褐色薄底船鞋。通过改变搭配的鞋子就可以给人各种不同的感觉，这款基本型搭配就是这样。

①　②

③　④

① 通过搭配楔形轻便运动鞋，来增加清新感。

此时的运动鞋并不是做真正的运动鞋来用，而是通过它厚厚的底子来适度地平衡清新和张扬的风格。将高筒袜稍微放下来一些，穿出轻快感。

③ 通过搭配工装靴，来转换形象。

搭配和短裙有着相反风格的鞋子时，选择暖色系和稍微有些花纹的为好，这样可以增加清新感，消除靴子和短裙之间的违和感。

② 搭配薄底浅口船鞋的话，可以对应地搭配黑色裤袜来收缩线条。

为了不使带有丝带的鞋子显得过于孩子气，可以搭配黑色的连裤袜。鞋子上黑色的水珠状花纹，正好可以和短裙相呼应，穿出整体感。

④ 搭配高雅颜色的靴子，穿出成熟风格。

通过搭配灰米色长靴，来消除蕾丝的淑女印象，使脚部显得干净利落。

各种饰品由于自身的风格比较鲜明，有时会比衣服更能吸引人的眼球。用它增强造型的美观度、决定搭配的方向当然没问题，但优雅服装搭配优雅饰品、休闲服装搭配休闲饰品的话，整体美观性就会减弱。要找到适合自身风格的搭配，就要灵活运用这些装饰品，不断替换，多多尝试各种可能的搭配。

以当时当日的心情来选择配饰

项链的搭配

　　适合搭配各种服装的80厘米长项链，我们可以把它绕成两圈使用，或者将其与短项链搭配使用。而且通过绕叠和组合的方式，就能够轻松改变项链的长度和美感。长项链可以说是一种多功能项链，只要有一条，我们就可以灵活装饰自己。如果平时用的话，我们可以戴原料为棉花珍珠或光感珍珠的休闲风格的项链，这种项链可以搭配各种款式的服装，可以通过它来增强搭配力。

选择亮点

1　选择易变换风格的不均匀设计

不要选择同类的珍珠均匀串联的项链，应选择串联方式有设计性、有粗细变化的项链。特别是长项链，如果没有珠子上的视觉差异，就会给人一种单调的印象，所以推荐选择这种通过不对称的串联方式做成的装饰性的项链。

项链的两处连接部分在同样位置（图左）；错开项链的两处连接位置的高度（图右）。由于是多种珍珠组成的项链，戴法不同也会造成整体形象不同。

选择亮点

2　不用选择真正的珠宝，可以选择休闲风材质做成的饰品

好的饰品搭配，不一定需要真品珍珠那种优雅的光泽，有时候休闲风材质做成的饰品更有感觉。具有磨砂感的棉花珍珠和有意思的串珠方式等，可以让服装看起来更活泼。

日常穿搭推荐不像真品珍珠那样闪亮的款式，像右图一样由大小不同的珠子构成的款式更有趣。

选择亮点

3　选择可以变化款式的多功能项链

如果卡子能拆下来，能用两种或三种方式佩戴的项链，一条就可以享受到多个款式的多种佩戴。买的时候一定要确认它能变成什么款式。

把连接部分断开的话，这条项链就成了一串大粒珍珠项链（图上左）和三串大、中、小粒珍珠并联的项链（图上中）。它们既可以单戴也可以并用（图上右）。这和两种串联在一起的项链（左页图）有不同感觉。

也有这种款式！推荐另一款

同样形状的塑料环从大圈到小圈的渐变

> > >

由塑料环串起来的轻快时尚的项链，使用的是简单的椭圆形素材，因有大小变化，很容易装饰。黑色和银白色配色，可以给人一种时髦的成熟感。（全长88cm、椭圆形大小3.5cm×5cm—1.8cm×2.5cm）

大小、长短不同的项链要采用不同搭配
> > >

这款项链是由一条中粒的淡水珍珠项链和两条长链状项链组合而成的设计。用各种不同的项链组成的多功能项链有着珍珠的正式感、链状的休闲感，是全能的灵活搭配装饰品。（最短95cm、最长126cm）

万能的不对称带坠项链
> > >

不对称带坠项链有着银白色的粗链子和给人以深刻印象的吊坠，是一款让人感到轻松的项链。旁侧用与吊坠相同的红色元素，项链因此产生了不规则变化，魅力倍增。（全长78cm，大吊坠5cm×7cm、小吊坠1.8cm×4cm）

同款项链 实例验证

搭配休闲款式

搭配V字领衬衫时，项链要绕成两圈
> > >

搭配庄重感的衬衫时，不要让它垂着，
要把它围成两圈调到胸前。打开衬衫的
第二或第三个扣子，让项链显现在V字范
围内，这样不会破坏衬衫的庄重感。

**大、中、小粒珍珠混合的项链也可搭配
中性化的横条纹长袖针织衫**
> > >

与真正的珠宝相比，棉花珍珠串珠更有
休闲感，而且适合日常佩戴的长项链和
短裤搭配也没有不协调的感觉，反而能
给这种中性化的搭配增加恰到好处的亲
近感。

搭配优雅款式

与领花并用，提升搭配效果

> > >

穿单色的针织开衫时，长项链和领花搭
配使用会更好。用项链装饰胸口处的空
间，用领花突出华丽的元素提升亮点。
把项链卡子的位置左右错开会有不同的
韵味，展现出一种练达感。

用大颗珍珠的项链搭配出高雅华丽的形象

> > >

紫色系的西装上衣和绒布连衣裙随意搭配，
再佩戴上长项链，能使女性衣着整体上趋于
休闲风格，而真正珠宝的光辉又能给人一种
正式的感觉。这就产生了仅靠一串珍珠项链
不能产生的风度和华美风格。

长围巾的搭配

长围巾如果能灵活佩戴的话，也能在服装搭配上发挥效果。一般人认为，图案单一的基本款围巾很容易配衣服，但大小不一、配色大胆的多色图案更有搭配力。长围巾的不同围法，会表现出来不同的颜色和花纹样式，和衣服搭配也会营造出不同的风格。女性可以选用尺寸适中、不堆积厚度的超薄长围巾。能垂下来的长方形围巾或者对角斜系的正方形围巾都可以。稍显随意的系法，能展现出潇洒讲究的感觉。

选择亮点

1 选择不堆积厚度的长方形围巾

推荐大家选择不用折叠，绕在脖子上不会堆积厚度的长方形围巾。这样的围巾可以只绕一圈就打结，也可以绕两圈或直接打结，而长度够长，宽度又偏窄的围巾最适合这种围法。

后颈部堆积厚度的话，从脖子到肩膀的部分就会显得圆圆的。细长类型的围巾正好规避了这一问题，会给人一种清爽的印象。

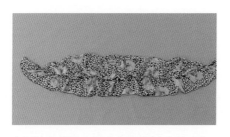

部分围巾会有褶皱，卷起来的时候会有自然的松弛感。

2　选择薄材质有透明感的围巾

厚围巾绕上去不会像薄材质那样有轻盈感，反
而会给人一种土气的感觉。即使同样是丝绸，
大家也不要选择像斜纹布那样由密织法织成的
围巾，而应选择织得像薄绸或纱巾那样的有透
明感的薄围巾。而且围巾的颜色和图案不能太
突出，这样容易搭配衣服。

作为披肩搭配时，如果围巾有透明感的话，就不会
让人产生很沉闷的感觉。

3　由于花纹丰富，系法不同，呈现的效果也不同

和衣服颜色相称的长围
巾的颜色和花纹的呈现
方式不同，也会给人不
同的印象。单一的花纹
或素色围巾，即使换了
系法也是一成不变，只
有一种效果。

同样是丝绸围巾，只露出黑花的系法（图上左）能给人一种锐利的印象；而露出米色部分多一
些的系法（图上右）会给人一种柔和的感觉。

也有这种款式！推荐另一款

某个部分有单一花纹的围巾容易和服装产生一体感

> > >

由于这款围巾周围有水珠图案，所以根据围法的不同，也可以显示单一花纹。这条围巾的图案由蓝、黄等颜色的花纹组合，既适合搭配深色衣服，也适合搭配浅色衣服（100%丝绸、125cm×125cm）

根据不同的围法，围巾可以围出圆点花纹，也可以围出中间的大花纹。因为它的整体色调是统一的，所以围的时候也不用过于在意花纹。

黑白配的围巾更容易搭配衣服
> > >

反差性强的花纹里，白色印花多，有种轻快感，这样的围巾很容易搭配衣服。与黑色衣服搭配时，黑色的花纹部分会使围巾和衣服产生一体感。

灵活运用围巾边缘几何图案的不对称性进行打结，白色部分会给人一种脱俗感，黑色部分会给人一种精致感。

鲜明的花朵图案加上黑色的点缀
> > >

如果白底围巾只是印满红花图案而没有点缀，那么这条围巾就不好搭配衣服。围巾的某些部分如果加入黑色元素就会显得有感染力，达到清新和张扬的双重效果。

在甜美印花中加入黑色元素会给人一种清晰、庄重的感觉。因为深色有种装饰效果，能衬托出面部的清晰轮廓。

同款围巾 实例验证

搭配休闲款式

将围巾绕两层，交叉打结一次
提高结点，凸显亮点
> > >

羊毛材质的马甲式外衣这种庄重的款式
与柔和的围巾搭配，是提高女人品位的
合适穿法。把围巾卷到较高位置做成领
口线，不仅增添了甜美的气息，也增添
了纵长拉伸效果。

将围巾随意绕在脖子上，搭配牛仔裤
> > >

将围巾与牛仔裤和典雅的针织衣搭配，
使围巾随意搭在脖子两边，自然下垂。
其亮点是围巾两端垂下的长度不一致，
将女人味的质感和自然垂下的随意感相
融合，有种吸引人的甜美感。

同款围巾 实例验证
搭配优雅款式

想展现优雅的美感时，让围巾随意地垂在背后

> > >

搭配连衣裙和无领长袖毛衣时，重点是不要让围巾垂在前面。围巾垂在前面会给人一种随意平常的感觉。在这种搭配中，围巾垂在后面是要点。柔软的围巾能给露出的胸口部分增添美感，展现出优雅的形象。

围巾打结并长垂在前面，是一种华丽的装饰

> > >

纯色的连衣裙搭配长围巾作为装饰。我们可以在一边打结，让另一边长垂，遮住大敞的领口。围巾和连衣裙的抽褶装饰配合，给人一种优美的印象。

短筒靴的搭配

低于小腿肚高于脚踝的短筒靴是一种基本的休闲款式。为了穿出女人味，我们应选择有一定高度的高跟款，尽量不要太日常化。短筒靴往往是外出时着装的选择，深受人们喜爱。

能折边的款式能够根据短裤的长短、裙子的款式和连裤袜的颜色来调整长度，从而变换搭配出多种风格，增加个性设计的内容。对于短筒靴，我们最好是选择带襟或绑带这种稍微有些点缀的款式。

选择亮点

1 选择羊皮之类的材质进行缝接

短靴基本上属于休闲款式，绒面革和羊皮拼接的款式，能体现出成熟味。同颜色不同材质的组合方式，能恰到好处地突出这一点。

从脚背到脚尖使用绒面革，以上的部分使用与之不同材质的羊皮拼接，能使脚踝看起来更细。

2 选择跟部较粗且高度为六七厘米的短筒靴

鞋跟太细会给人一种成熟女性的印象，而且搭配范围窄。我们应选择鞋跟宽度两厘米以上的有安定感的粗跟鞋，鞋跟高度最好是六七厘米，因为这让人看起来有一种平衡感。

稍粗的鞋跟和能保持平衡的高度，是选择熟龄女性的短筒靴时必须考虑的条件。

3 选择有鞋襻，能折边的鞋

选择朴实的款式，不如选择有鞋襻、折边等亮点的鞋，因为流行的款式很容易使人产生厌倦心理，而且不好搭配衣服，所以要选择点缀适中的款式。

穿有鞋襻（上左图）或折边（上右图）这种特色的鞋很容易搭配衣服。而且可以换两种穿法来搭配衣服。

也有这种款式！

**具有明亮的棕色和双层鞋襟的
鞋能给人一种休闲的印象**

> > >

和上页的黑色短筒靴相比，棕
色在注重鞋款的扣环等富有休
闲感的细节的基础上，选择鞋
尖稍尖更女性化的鞋，如此短
裤和裙子都能随意搭配。

古典折边展现美感足部

> > >

深褐色毛皮部分既能折下来又能拉直，别致的绑带短筒靴有一种贵妇人似的女人味，为了使整体造型不太过甜美，这样的短筒靴应与休闲款服装搭配。

情不自禁想买的绑带款式

> > >

传统的黑色短靴不仅能搭配卷边牛仔裤，还能搭配七分裤和松软的裙子。这种传统的短靴配上日常服饰，自然休闲。

同款短靴 实例验证

搭配休闲款式

短筒靴套进工装裤，足部线条显得脱俗雅致

＞＞＞

斑马花纹打底衫与工装裤这种灵活的款式组合，再配上短靴和西装外套，给人一种沉着的感觉。高跟加上材质优良的短靴，能给人一种整齐的印象。

调节牛仔裤和短靴的长度，进行自由搭配

＞＞＞

调节短靴和牛仔裤的长度，搭配出自己的风格。将短靴折边并搭配紧身牛仔裤，可以展现出不同的风格。搭配牛仔裤时，也可以选择腰部和臀部宽松的男式风格的牛仔裤。上身着装长些的话，也可以搭配瘦版牛仔裤。

搭配优雅款式

搭配短裙时，折起短筒靴增强脚部质感

> > >

短裙与别致的浅口女鞋搭配会显得过于女性化，所以它更适合与短筒靴搭配。短靴与同色调的连裤袜搭配，能使脚部显得更时尚，更有质感，这是甜美与张扬的完美混搭。

直接搭配哈伦裤

> > >

银线编织的网状花纹连裤袜和羊皮革短靴搭配是两种完全不同材质的结合。为了使短裤产生蓬松的轮廓，直接穿上靴子，不用折边，会有很好的效果。最后加一条黑色的围巾，减轻了下半身着装的沉重感。

长筒靴的搭配

　　虽然每个女人都会有一两双长筒靴，但是长筒靴的款式很容易选错。选择长筒靴时，一定要注意它的轮廓美。使腿的线条看起来纤细的瘦版长筒靴，可以增强优雅感，但此款长筒靴更适合搭配西装。

　　我推荐一款从脚踝到膝盖同宽度的、有轻微分量感的休闲长筒靴。这种款式的长筒靴不仅可以搭配女性化服装，也可以搭配运动款服装，使腿部展现出笔直的线条。

选择亮点

1　折边和鞋扣环是一处闪光点

黑色过膝长靴可以和各种颜色的打底裤相配，设计的折边部分和小扣环给普通的款式增添了休闲感。打开折边后长靴又变身为过膝的长筒靴，普通款也可以展示出时髦高雅的脚部。

使用折边和鞋环扣，给人一种日常的休闲美感，以及一种很适合日常穿的感觉。

2　六七厘米的高度和粗跟是必需的

长筒靴与短筒靴一样，选择粗跟很重要。跟部
太细的鞋会给人优雅的印象，很难搭配休闲服
装，也很难展现出休闲感。所以我们应选择鞋
跟高度合适、具有安定感的粗跟款式的鞋。

*总之，稍粗的中跟休闲长筒靴更易搭配服装，而且
走起路来也很轻便。*

3　不夹脚踝的筒形款式很重要

对于长筒靴，从脚踝到小腿肚宽度相
同，像裤子一样筒形的高筒靴是最理
想的选择。使脚踝看起来较细的样式
更能体现女人味，所以跟部和脚踝部
分都较窄的款式在市面上有很多。但
是，这种外形的长筒靴只能匹配有女
人味的服装。

*不夹脚踝很重要，这一点决定了长筒靴
要表现出来的整体形象。*

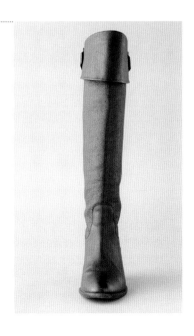

也有这种款式！

**穿带有万能中跟的长筒马靴，
走出飒爽的步伐**

> > >

上部有接缝的长筒马靴，是成人
休闲搭配不可或缺的款式。这款
设计以黑色居多，事实上明亮的
褐色也有很强的搭配力。由于这
种长筒靴跟部不太高，所以日常
活动时也可以穿。

与黑底相称的活跃的米色系
> > >

与黑色短裤或短裙搭配的是米色起绒皮革
长筒靴。它与深褐色这种深色或印花服装
都可以搭配。搭配牛仔裤的话，这种款式
能展现出雅致的休闲风格。

用颜色突出个性，藏青和灰色是亮点
> > >

与黑色和棕色的长筒靴给人的感觉稍
微不同，风格独特、颜色不太鲜艳的
蓝灰色筒靴，使脚部看起来更亮，而
且也很容易搭配下身着装。这是一种
有个性美的鞋子。

同款长筒靴实例验证

搭配休闲款式

针织外套配长筒靴，展现紧凑的平衡感
> > >

紧贴膝盖的长筒靴和有分量感的针织外套非常相称。如果裤子的长度盖住脚部的话，我们会觉得有些沉重，而套上长筒靴就能使整体衣着变得紧凑。把裤子卷上去再穿长筒靴也会有这样的效果。

把纯棉裤子卷到膝盖处，增添线条美和新鲜感
> > >

因为有折边的长筒靴有一种休闲感，所以我们可以将裤子卷到膝盖处与其搭配。这样一来大腿处会产生宽松感，二来可以突出裤子的线条美。从裤子到脚部，这种搭配能增添新鲜感，呈现出一种光彩照人的成熟搭配风格。

实例验证
搭配优雅款式

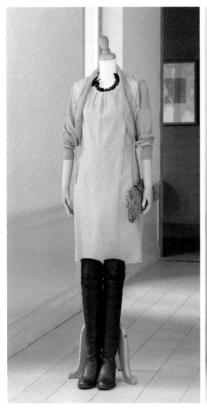

需要庄重感时，用及膝长筒靴突出基本款

> > >

将这款长筒靴的折边拉上来盖住鞋襟，
它就成了基本款及膝长筒靴。这款长筒
靴可以搭配这种稍正式的裙子，为整体
造型增加一些休闲感。黑色的靴子与黑
色项链相互映衬，成为造型的亮点。

作为女孩着装必需的休闲鞋

> > >

胸部点缀玫瑰花的针织衫和百褶裙如果与轻
便女鞋搭配，给人的印象会过于年轻甜美，
而休闲款长筒靴与这样的服装搭配正好能表
现出甜美与张扬的平衡。这是一种很成熟的
搭配。

我在意的搭配元素 2

兼顾实用性和美感。偶尔改变优先顺序享受美感。

我的冬季装束主要是"SARTORE"
长筒靴（最外面的和最里面的）
和"L'EQVIPE YOSHIE INABA"的绑带
款中筒靴（中间的）。鞋跟的高度
在五厘米左右，稍粗，像马靴那样
易穿的款式。

　　想要使自己看起来清新漂亮，鞋是不能忽略的。它不仅对于完成搭配有重要作用，而且决定着女性的走路姿势。不管穿多么漂亮的低跟轻便女鞋，如果你弯着膝盖或弯腰走路的话，那种姿态都不会很好看。而走路的姿态好看，选择平底女鞋则会让你显得很飒爽。如果优先考虑舒适的话，轻便鞋配什么服装都很好，但有时很难兼顾美观和实用两不误的效果。所以优先选择展示美观还是优先选择舒适要根据具体情况来确定。当然女性也可以去寻找两个条件都具备的鞋。

　　我这几年爱穿的长筒靴正是既美观又实用的，如果某一天活动较多的话，我就选择142页图最外面这款粗跟长筒靴作为那一天的造型。因为粗跟有安定感，走起路来很轻松，休闲的设计风格，搭配衣服也很方便。坡跟鞋和平底鞋也是我喜欢穿的。

　　找到适合在各个季节经常穿的、既美观又实用的鞋是很重要的。选择自己喜欢的设计，穿着舒适的鞋，我们才能以优美的姿态行走。希望成熟的女性记住这一点。

通过最无特色的女式西服套装的改变，来验证
此套服装是否会带来不同的印象，比如，改变
成另一种风格，或者改变服装的着重点。

虽说"穿衣打扮"只以一个元素为基准，其余
的都要改变，但是逆向思考一下，这个不变元
素又一直影响着全身的造型和打扮。

而我们也切实感受到了，只要改变内衬、领口
或脚部，就能使整体的印象发生改变。

穿衣规则的决定版

通过搭配基本的普通套装,
来掌握"穿衣打扮"规则

通过搭配套装,来掌握穿着要领。

　　我们平时穿的衣服就是这样,只要稍加改变,就会有别样的感觉。因此,我们以谁都了解的正统套装来作为基本造型,通过改变一种元素或者小饰品,来试验一下到底能够改变成何种风格。

　　普通的套装既有保守、男性化的一面,也具有职业套装的敏锐、酷、帅气的特点。因此,消除以上这些缺点,展现出它好的一面,就是我们进行搭配的目标。如果可以掌握这种变化的关键,不仅套装,甚至可以掌握提高任意服装单品的穿衣搭配能力。提高套装的活用度,让穿衣搭配变得其乐无穷。

　　以搭配的实例作为范本,将毫无生气的套装进行搭配,使之焕发有别于昔日的新风采吧。

上衣

线条
合身的腰部和肩部
塑形的上衣是套装的一大特色，系上扣子就能显出腰部和肩部的线条。这样，刚刚合身的肩部就会变为有冲击力的装饰点从整体造型中表现出来。不论是作为套装，还是作为单件上衣，塑形都很重要。

领口　前襟
通过对标准的女士西装的搭配来验证
不宽不窄的标准领口最容易搭配衣服。如果前襟的扣子正好在腰部，则正好给人基本款的印象。比这个稍高或者稍低一些，都会给人不同的感觉，并且会使服装的个性增强，不容易搭配衣服。

尺寸
通过简洁的臀围来验证
关于臀围，这需因人而异，让人看着舒服的尺寸最为理想。太大或者太小，都会改变线条或给人的印象。

材质
加入手感轻薄的弹力织物
加入了35%聚酯的毛质或者纯棉的材质，因伸缩性较好，所以更好搭配。不至于太厚，又有适度的伸缩性，是不错的材质选择。

内衬衣物

设计
带有褶饰的浅白衬衫
胸前加入的褶饰给人成熟的感觉。没有选择朴实无华的白色衬衫，而是这种优雅风格的衬衫，衬衫成熟的感觉也决定了套装的风格。颜色方面，乳白色比纯白色更给人高级感。

裤子

线条
不肥不瘦的标准直筒裤
从臀部到下摆都呈一条直线，这种基本的线条最好。肥瘦正好，以不紧贴身体为好，这点很重要。如果太过肥大，就会给人大婶的感觉。

尺寸
刚好隐藏脚踝露出脚面的长度
不论是薄底浅口女鞋、低帮鞋，还是靴子，都可以搭配，是不长不短的万能长度。注意，太短会损坏规整感，太长则会给人不利索的感觉。

成熟人士套装的搭配，是通过柔软的内衬和有光感的鞋子表现出来的。
这种搭配是稍显女人味的造型。

　　不使套装沦为求职时穿的套装款式，是成熟穿着的要求。搭配胸前带有褶饰的内衬，另外，鞋子选择既可以突出脚部规整感，又有女性潇洒感的漆皮皮鞋。搭配时，注意在细节部分增加可以突出女性特点的清新感小饰品。

改变内衬衣物

将带褶饰的基本内衬换为以下四种类型的内衬。

搭配蓝色条纹衬衣，穿出英气。

> > >

因为衬衫加重了套装男性化的一面，所以，搭配一款明亮的蓝色包来岔开色彩层次，增加清新感。因为上身条纹状的衬衫就给人一种敏锐感，所以，鞋子以动物纹的款式来增加变化。此款搭配兼具了适度的规整感和华美感。

搭配黑色高领内衬，穿出高雅气质。

> > >

深灰色和黑色搭配，使整体显得成熟稳重。大大的项链配上网格包和光面短靴，使整体显得华美，这些小饰品的搭配是关键。

从前襟到脖领的空间虽然有限，但决定着整体的风格，而饰品和鞋的选择取决于内衬衣物。以148页的套装为基础，根据搭配的内衬不同，来掌握选择饰品和鞋的搭配规则。

搭配白色蕾丝女式衬衫，穿出庄重感。
> > >

内衬如果是女人味十足的衬衫，可以搭配有透明感的围巾和球形的胸针。脚部可以搭配镶嵌着金银丝的薄底浅口女鞋，通过搭配这些小饰品，就能使整体有正式感。露出脚面也给人优雅的印象。

搭配色泽鲜艳的女式衬衫，给整体的搭配增加颜色。
> > >

给朴素的女士西装搭配上第一眼觉得不太合适的华美女式衬衫，再搭配上颜色合适的项链和薄底鱼嘴鞋，使整体颜色达到平衡，既新鲜又女人味十足。袖口处稍微挽起，这样就给人干练的印象。

改变上身衣物

将基本款的女士西装上衣变为以下四种类型的上衣。

通过搭配粉色系的粗花呢上衣，穿出规整感和女人味。

> > >

对应平整材质的裤子，有针织感的粗花呢上衣给整体造型增添了层次感。这种搭配比较适合成熟女性，材质也给人很高级的感觉。为了配合上衣，包也选择比较鲜艳的颜色，脚部搭配漆皮皮鞋，增加冲击力，使上下达到平衡。

通过搭配薰衣草色的休闲针织衫，甜美轻快的颜色使整体很和谐。

> > >

灰色裤子搭配和它比较相称的紫色系上衣。同时，搭配同一色系花纹的围巾，给人比较统一的感觉。内衬衣物搭配白色，这样，从胸口看上去比较突出，如此就使整体搭配给人轻便和清爽的感觉。

我们将套装的裤子和内衬保持不变，只改变四款上衣来试着搭配。通过搭配颜色清新有个性的上衣，来增加搭配的突出部分，这样，套装的呆板印象就会消失，显得清新。同时注意饰品和鞋子与服装的协调。

通过搭配有趣味性线条的对襟开衫，使整体造型呈现新颖干练的风格。

> > >

此款搭配将个性开衫作为主打，这种开衫前短后长，和柔软的内衬衣物很匹配，整体搭配给人成熟端庄的感觉。丝袜和薄底浅口女鞋选择有纤细感的青铜色，这也是搭配的关键点。

通过搭配同样有套装感觉的外套，穿出女性的正式感。

> > >

此款搭配中，裤子和上衣的正式感都比较强，因此，搭配起来也比较容易。两肋处有抽褶，这样正好可以露出内衬的下摆。黑色的小饰品使整体达到平衡，这样，一款新式的正式套装就完成了。

改变下身衣物

将基本型的直筒裤换为以下四种类型的裤子。

 →

通过搭配腰带和褶裙，穿出时尚女性风格。
> > >

只是在上衣腰部搭配了一条腰带，就使得整体印象发生了改变。硬朗的肩部和稍长的短裙本来容易让人觉得土气，而加上腰带就变得时髦了。通过搭配有冲击力的项链和大大的皮质手提包等小饰品，给人感觉很有修养。

通过搭配七分裤，穿出伶俐休闲风格。
> > >

此款搭配中都是精干款衣服，给人感觉质量很好。再通过搭配网状的紧身裤、橘色漆皮皮鞋和长的吊坠毛衣链等精致的小饰品来提高品位。穿着时，将领子轻轻竖起，袖口稍微上提。

很好地利用女士西装上衣的保守性，就可以搭配出好几款既酷又敏锐的造型。通过给改变后的下身衣物搭配小饰品，我们来验证是否可以让风格变得不同。

通过搭配牛仔裤和靴子，穿出日常风。
> > >

有着休闲感的牛仔裤和让人感觉正式的上衣混搭。因为上衣是比较突出的基本款型，所以，通过围巾、贝雷帽的装饰，可以增加休闲元素，改变原本风格。和牛仔裤进行搭配，通过累加法，可以变换原有的印象。

通过搭配有男孩气的半长短靴，穿出俊俏的传统风格。
> > >

通过西装上衣和半长短靴的搭配，穿出校园风。搭配有光泽的包和纤细的项链，保守中增加清新感，是搭配的关键。菱形的格子花纹打底裤和长靴的搭配给人双腿修长的感觉。

给基本的搭配添加装饰

基本款式的套装、内衬和鞋子不变，通过饰品来改变印象。

通过搭配各种颜色的饰品，来充分发挥饰品在搭配中的作用。

> > >

在给人感觉较硬气的灰色套装中加入绿色。将两个大大的胸花别在领子较高的位置，这是关键。与之相反，为了平衡整体效果项链不应显得过于华美，应选择长款项链来保持它的休闲气息。

通过搭配链状项链和口袋手绢，将上衣穿出时髦风格。

> > >

塑料质的长款项链和口袋里的豹纹手绢，都使有些保守的套装显得更加敏锐。竖起领子，将袖子稍稍上提又增加了亮点，并且使得淑女气息和中性风格相互融合。

仅仅改变项链、围巾和胸花这些小饰品，就可以使整体的外观发生改变。套装、内衬和鞋子保持不变，我们来通过给上身衣物增加小饰品，来验证这样到底能改变多少给人的印象吧。让我们掌握这种大胆的搭配方法吧。

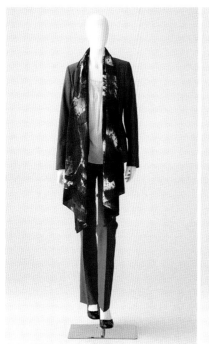

通过搭配有冲击力的长款围巾，使人的注意力集中到一点。	搭配皮毛质的披肩，出席聚会时如此搭配。
> > >	> > >
此款搭配将黑红相间的围巾自然而然地围在脖子上。因为是颜色比较单一的套装，所以，哪怕只是一件有冲击力的小饰品，都十分有可能改变整体的印象。围巾应选择大一些，有存在感花纹的为好。	搭配长款的皮草披肩和珍珠项链。这样使得衣服的半面显得华丽，打破了原有套装的保守感觉，穿出成熟风格。有质感的皮毛质披肩使整体有潇洒的感觉。

给基本的搭配
更换鞋、包等装饰

基本款式的套装和内衬不变，通过四款鞋和包来改变印象。

 +

 +

通过搭配薄底船鞋和皮质手提包，穿出精致感。

> > >

搭配优美的包和薄底船鞋，与女人味十足的女式衬衫相互呼应，显得非常正式。露出脚面的漆皮皮鞋和小包与套装的搭配，让整体造型变得突出。

通过搭配平底穆勒鞋和旅行式背包，穿出规整感和休闲风。

> > >

搭配休闲的小饰品时，将上衣的扣子打开，并把袖子稍微上提，以减少它的规整感，这点很关键。加上有些随意感觉的旅行式背包和穆勒鞋，和基本搭配十分相称，非常合适。

鞋子和包的搭配方法，对于整个搭配也有很大影响。在此，我们试着保持套装和内衬不变，通过鞋和包来改变印象。结果发现，这种基本的款式也可以变成充满休闲感和时尚感的装束。

 + +

通过搭配切尔西女鞋和蛙嘴包，穿出柔软的风格。

> > >

将印有蕾丝花的包作为主打。脚部搭配皮革质的款式简单的鞋子。一方面最大限度地抑制了套装的端庄感，另一方面又通过这款有冲击力和女人味的包，使造型显得精致不少。

通过搭配长靴和大号的箱型包，使整体显得活跃。

> > >

将套装的裤子和长靴进行搭配。整体像骑马装，一扫基本款式给人的印象。尺寸较大的黑色箱型包和鞋子相称，整体显得活跃。

锻炼自己穿衣打扮的敏感度

我在意的搭配元素 3

细小改变，重塑印象。
通过改变丝带的位置及绑法，来展现它的魅力。

　　我常备的重要物品之一就是黑色和藏青色缎带。它的用途很广，比如
以下这种情况：今天已经搭配好的针织衫，但怎么看怎么觉得脖子上少了
些什么，有些突兀。如果搭配项链的话，又太过优雅正式。于是，就试着
再搭配一条缎带吧。有时，缎带也可以扎在女式衬衫的领口处，将黑色的
线条加到前面，可以增加上半身的亮点，给人伶俐的感觉。同样的道理，
也适用于长款的珍珠项链。对于颗粒不大不小的长款珍珠项链，我们不
能只是简简单单地把它挂在脖子上，这时，可以在项链的一侧扎上丝绒的
缎带来增加亮点。这样一来，整体就显得比较紧凑，并且将注意力集中到
上半身的上部，也使得身材看起来比较修长。搭配上缎带后，比搭配之前
显得更加休闲，使珍珠项链更容易进行平时的便服搭配，因此，这套方法
是值得我们掌握的方法之一。

家中常备丝绒和罗缎的黑色和藏青色缎带。粗款（1.5cm）细款（1.2cm）用起来都比较方便。

将缎带搭配在长款的珍珠项链上，既增加了亮点，也给人休闲感。有着正式感的珍珠项链，只通过一条缎带，就可以变成日常风格的服饰品来使用。

我们也可以利用黑色和藏青色所拥有的敏锐感来调节服装的搭配。比如说，在十分清新的蕾丝短裙的两侧，缝制上黑色或藏青色的缎带，就明确了短裙的线条。只是加入了一条缎带，就使得清新风格的蕾丝短裙有了休闲感和紧致感，拓宽了穿衣搭配的选择度。同样，优雅的珍珠项链吊坠也可以和缎带搭配。珍珠和金属链条的搭配，太过优雅，这样就限制了衣服的搭配。将金属链换为缎带，柔和的缎带和有光感的珍珠形成对比，更加突出了单颗珍珠，也使得整个搭配更加休闲，有品位。

像这样，黑色和藏青色的线条有着可以瞬间改变人印象的魅力。只是增加了一条缎带，就可以使外观显得苗条、清新、休闲，足见缎带的魅力之大。而且，这样的好处之一是即兴搭配，可以随时拿掉。即使是用线缝上，也不要缝得过密，缝制得稀疏些，看腻了还可以取下来。因为很有可能下次想搭配别的饰品。

缎带使用起来简便，这使得它的搭配用途十分广泛。在镜子前搭配完后，觉得少些什么的话，就先搭配上小饰品，其次是围巾，如果还不行的话，就轮到缎带了。

将缎带穿在珍珠吊坠上面来代替链条。这样就少了一些优雅，多了一些女孩的随性，更容易作为便服饰品来佩戴。

将缎带像项链一样围在大大的领口处。因加入了黑色的线，也使得没有任何装饰的上身更加紧凑了。

沿着V领区域绑上一条黑色缎带。和项链相比，显得别有情趣。长度也可以自行调节，酌情搭配。

给太过清新的蕾丝短裙两侧加上两条黑线条的话，就穿出了休闲感，拓宽了穿着打扮的幅度。

大人の着まわしバイブル

Copyright © Junko Ishida/Shufunotomo Co.,LTD. 2012

Original Japanese edition published in Japan by Shufunotomo Co., Ltd.

Chinese simplified character translation rights arranged through Shinwon Agency Beijing Representative Office,

Chinese simplified character translation rights © 2014 by Lijiang Publishing House

桂图登字：20-2013-155

图书在版编目(CIP)数据

优雅与质感.3, 让熟龄女人的日常穿搭更时尚 /(日) 石田纯子著；千太阳译. — 2版.
— 桂林：漓江出版社, 2020.7

ISBN 978-7-5407-8749-3

Ⅰ.①优… Ⅱ.①石… ②千… Ⅲ.①女性 – 服饰美学 Ⅳ.①TS973.4

中国版本图书馆CIP数据核字(2019)第226966号

优雅与质感. 3：让熟龄女人的日常穿搭更时尚

YOUYA YU ZHIGAN 3：RANG SHULING NÜREN DE RICHANG CHUANDA GENG SHISHANG

作　　者	[日]石田纯子	译　者	千太阳	摄　影	[日]神子俊昭
策划编辑	符红霞	责任编辑	王成成		
封面设计	桃　了	内文设计	page11		
责任校对	赵卫平	责任监印	黄菲菲		

出版发行 漓江出版社有限公司

社　　址 广西桂林市南环路22号　　邮　编 541002

发行电话 010-65699511 0773-2583322

传　　真 010-85891290 0773-2582200

邮购热线 0773-25832200

电子信箱 ljcbs@163.com　　微信公众号 lijiangpress

印　　制 北京中科印刷有限公司

开　　本 880 mm×1230 mm 1/32　　印　张 5.5　　字　数 75千字

版　　次 2020年7月第2版　　印　次 2020年7月第1次印刷

书　　号 ISBN 978-7-5407-8749-3

定　　价 38.00元

好 书 推 荐

《优雅与质感1——熟龄女人的穿衣圣经》

[日]石田纯子/著　宋佳静/译

时尚设计师30多年从业经验凝结，

不受年龄限制的穿衣法则，

从廓形、色彩、款式到搭配，穿出优雅与质感。

《优雅与质感2——熟龄女人的穿衣显瘦时尚法则》

[日]石田纯子/著　宋佳静/译

扬长避短的石田穿搭造型技巧，

突出自身的优点、协调整体搭配，

穿衣显瘦秘诀大公开，穿出年轻和自信。

《优雅与质感3——让熟龄女人的日常穿搭更时尚》

[日]石田纯子/著　千太阳/译

衣柜不用多大，衣服不用多买，

现学现搭，用基本款&常见款穿出别样风采，

日常装扮也能常变常新，品位一流。

《优雅与质感4——熟龄女人的风格着装》

[日]石田纯子/著　千太阳/译

43件经典单品+创意组合，

帮你建立自己的着装风格，

助你衣品进阶。

阅美文化 悦读阅美·生活更美

好书推荐

《手绘时尚巴黎范儿1——魅力女主们的基本款时尚穿搭》

[日]米泽阳子/著 袁淼/译

百分百时髦、有用的穿搭妙书,
让你省钱省力、由里到外
变身巴黎范儿美人。

《手绘时尚巴黎范儿2——魅力女主们的风格化穿搭灵感》

[日]米泽阳子/著 满新茹/译

继续讲述巴黎范儿的深层秘密,
在讲究与不讲究间,抓住迷人的平衡点,
踏上成就法式优雅的捷径。

《手绘时尚范黎范儿3——跟魅力女主们帅气优雅过一生》

[日]米泽阳子/著 满新茹/译

巴黎女人穿衣打扮背后的生活态度,
巴黎范儿扮靓的至高境界。

《选对色彩穿对衣（珍藏版）》

王静/著

"自然光色彩工具"发明人为中国女性

量身打造的色彩搭配系统。

赠便携式测色建议卡+搭配色相环。

《识对体形穿对衣（珍藏版）》

王静/著

"形象平衡理论"创始人为中国女性

量身定制的专业扮美公开课。

体形不是问题，会穿才是王道。

形象顾问人手一册的置装宝典。

《围所欲围（升级版）》

李昀/著

掌握最柔软的时尚利器，

用丝巾打造你的独特魅力；

形象管理大师化平凡无奇为优雅时尚的丝巾美学。

好书推荐

《女人30⁺——30⁺女人的心灵能量》
(珍藏版)

金韵蓉/著

畅销20万册的女性心灵经典。

献给20岁：对年龄的恐惧变成憧憬。

献给30岁：于迷茫中找到美丽的方向。

《女人40⁺——40⁺女人的心灵能量》
(珍藏版)

金韵蓉/著

畅销10万册的女性心灵经典。

不吓唬自己，不如临大敌，

不对号入座，不坐以待毙。

《优雅是一种选择》(珍藏版)

徐俐/著

《中国新闻》资深主播的人生随笔。

一种可触的美好，一种诗意的栖息。

《像爱奢侈品一样爱自己》(珍藏版)

徐巍/著

时尚主编写给女孩的心灵硫酸。

与冯唐、蔡康永、张德芬、廖一梅、张艾嘉等

深度对话，分享爱情观、人生观！

《时尚简史》

[法] 多米尼克·古维烈 /著　治棋 /译

流行趋势研究专家精彩"爆料"。

一本有趣的时尚传记，一本关于审美潮流与

女性独立的回顾与思考之书。

《点亮巴黎的女人们》

[澳]露辛达·霍德夫斯/著　祁怡玮/译

她们活在几百年前，也活在当下。

走近她们，在非凡的自由、爱与欢愉中

点亮自己。

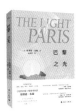

《巴黎之光》

[美]埃莉诺·布朗/著　刘勇军/译

我们马不停蹄地活成了别人期待的样子，

却不知道自己究竟喜欢什么、想要什么。

在这部"寻找自我"与"勇敢抉择"的温情小说里，你

会找到自己的影子。

《属于你的巴黎》

[美]埃莉诺·布朗/编　刘勇军/译

一千个人眼中有一千个巴黎。

18位女性畅销书作家笔下不同的巴黎。

这将是我们巴黎之行的完美伴侣。

好书推荐

《中国绅士（珍藏版）》

靳羽西/著

男士必藏的绅士风度指导书。

时尚领袖的绅士修炼法则，

让你轻松去赢。

《中国淑女（珍藏版）》

靳羽西/著

现代女性的枕边书。

优雅一生的淑女养成法则，

活出漂亮的自己。

《嫁人不能靠运气——好女孩的24堂恋爱成长课》

徐徐/著

选对人，好好谈，懂自己，懂男人。

收获真爱是有方法的，

心理导师教你嫁给对的人。

《一个人的温柔时刻》

李小岩/著

和喜欢的一切在一起，用指尖温柔，换心底自由。

在平淡生活中寻觅诗意，

用细节让琐碎变得有趣。

《手绘张爱玲的一生——优雅是残酷单薄的外衣》

画眉/著·绘

在我们的人生树底处

盘几须张爱玲的根是幸运的，

她引领我们的灵魂过了铁，而仍保有舒花展叶的温度。

《手绘三毛的一生——在全世界寻找爱》

画眉/著·绘

倘若每个人都是一种颜色，

三毛绝对是至浓重彩的那种，但凡沾染，终生不去。

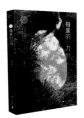

《母亲的愿力》

赵婕/著

女性成长与幸福不得不面对的——

如何理解"带伤的母女关系"，与母亲和解；

当女儿成为母亲，如何截断轮回，不让伤痛蔓延到孩子身上。

《女人的女朋友》

赵婕/著

女性成长与幸福不可或缺的——

女友间互相给予的成长力量，女友间互相给予的快乐与幸福，

值得女性一生追寻。

好书推荐

《不知有花——山木野草的四时之态》

徐文治/著

中国传统插花研究学者

精选5年间99件作品，

重现瓶花百态。

《茶修》

王琼/著

借茶修为，以茶养德。

在一杯茶中构建生活的仪式感，

修成具有幸福能力的人。

《与茶说》

半枝半影/著

茶入世情间，一壶得真趣。

这是一本关于茶的小书，

也是茶与中国人的对话。

《玉见——我的古玉收藏日记》

唐秋/著　石剑/摄影

享受一段与玉结缘的悦读时光，

遇见一种温润如玉的美好人生。